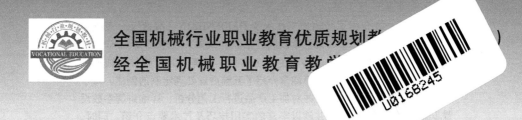

全国机械行业职业教育优质规划教

经全国机械职业教育教学

多轴加工技术

全国机械职业教育数控技术类专业教学指导委员会（高职） 组编

主　编　高永祥　郭伟强

副主编　杜红文　龙　华

参　编　叶　俊　徐晓风

主　审　曹焕亚

机械工业出版社

本书第一章介绍了多轴加工技术及 HEIDENHAIN（海德汉）系统编程的基本知识，第二章和第三章以圆柱凸轮、风罩、吹塑模具、小叶片、小转轮、叶轮、推进器螺旋转轮为加工实例，讲解 UGNX 软件四轴加工编程和五轴加工编程过程，第四章介绍了五轴后置处理定制的创建。每章加工实例都配有学习目标，并对加工产品进行工艺分析，详细讲解参数设置步骤及编程操作流程，并辅以丰富的实用技巧及技术要点介绍。同时，本书附有对应的练习题，供读者深入学习。

本书可作为高职高专院校相关专业教材以及相关社会培训用书，还可以作为工厂、企业中从事产品加工和 CAD 应用的广大工程技术人员的参考用书，同时适用于从事多轴加工编程及仿真应用的中、高级用户。

本书提供的素材资源包包含加工实例素材源文件和 HEIDENHAIN 五轴联动数控机床的后置处理器文件，可以帮助读者获得最佳的学习效果，亦方便教师授课，凡使用本书作为教材的教师可登录机械工业出版社教育服务网（http://www.cmpedu.com）注册后免费下载。咨询电话：010-88379375。

图书在版编目（CIP）数据

多轴加工技术 / 高永祥，郭伟强主编. —北京：机械工业出版社，2017.9
（2024.8重印）
全国机械行业职业教育优质规划教材·高职高专
ISBN 978-7-111-57717-1

Ⅰ.①多… Ⅱ.①高… ②郭… Ⅲ.①数控机床-加工-高等职业教育-教材
Ⅳ.①TG659

中国版本图书馆 CIP 数据核字（2017）第 198997 号

机械工业出版社（北京市百万庄大街 22 号　邮政编码 100037）
策划编辑：王英杰　责任编辑：王英杰　王　丹
责任校对：张　薇　封面设计：鞠　杨
责任印制：常天培
北京机工印刷厂有限公司印刷
2024 年 8 月第 1 版第 10 次印刷
184mm×260mm·11.5 印张·276 千字
标准书号：ISBN 978-7-111-57717-1
定价：35.00 元

电话服务　　　　　　　　　网络服务
客服电话：010-88361066　　机 工 官 网：www.cmpbook.com
　　　　　010-88379833　　机 工 官 博：weibo.com/cmp1952
　　　　　010-68326294　　金 书 网：www.golden-book.com
封底无防伪标均为盗版　机工教育服务网：www.cmpedu.com

前　言

多轴加工技术是近十年来迅速崛起的一项先进制造技术。多轴加工技术使汽车、模具、飞机、轻工等行业的生产率和制造质量显著提高，并不断促进加工工艺及装备的更新换代。如同数控技术一样，多轴加工技术已成为21世纪机械制造业一场影响深远的技术革命。目前，适应HSC（High Speed Cutting，高速切削）要求的多轴加工机床和其他高速数控机床在发达国家已呈普及趋势，同时，这些机床也是我国许多产业部门的进口热点。但目前我国多轴加工技术的理论研究远远滞后于实践应用，使得有些多轴机床选型不够科学，设备安装后利用率不高，不能充分发挥其多轴加工效能。本书是一本符合高职高专教育教学要求的多轴加工技术教材，有助于培养懂得多轴加工技术的人才。

本书的编写坚持理论结合实践的原则，配有大量的多轴加工实例，并介绍了DMU 60 monoBLOCK后置处理的创建。本书主要包含四部分内容：第一章介绍了数控多轴加工机床特点、多轴加工工艺与机床基本操作；第二章介绍了UG NX四轴加工基础、圆柱凸轮四轴加工编程；第三章介绍了UG NX五轴加工基础以及曲面驱动类、曲线驱动类、侧刃铣削类、叶轮模块类等零件的五轴加工编程；第四章介绍了UG NX后置处理定制的相关知识和创建方法。

本书由高永祥、郭伟强担任主编，杜红文、龙华担任副主编，叶俊、徐晓风为参编，曹焕亚任主审。高永祥负责全书的统稿，并编写第一章、第三章；龙华和杜红文编写第四章；郭伟强、叶俊和徐晓风编写第二章。本书在编写过程中得到杭州娃哈哈精密机械有限公司等企业技术人员的热心帮助和大力支持，在此表示感谢。

由于作者的理论水平、知识背景和研究方向的限制，书中难免出现错误和疏漏之处，恳请广大读者不吝指正。

编　者

目　录

第 1 章

认识多轴加工

本章将对多轴加工的特点、多轴加工机床的种类、多轴加工工艺以及多轴机床的基本操作等内容进行阐述。

本章学习要点：

1）多轴加工的特点。

2）多轴加工机床的种类。

3）多轴加工工艺。

4）多轴机床的基本操作。

单元一 多轴数控机床

近年来，多轴加工技术（也称为数控多轴加工技术、多轴数控加工技术、多坐标联动加工技术等）发展迅速，已成为切削加工技术和先进制造技术的一个重要发展方向。多轴加工技术是一项高新技术，它以高效率、高精度和高表面质量为基本特征，在航空航天工业、汽车工业、模具制造和仪器仪表制造等领域中获得了愈来愈广泛的应用，并已取得较大的技术经济效益，是当前先进制造技术的重要组成部分。

> 学习目标
>
> ◎理解多轴数控机床的定义。
> ◎理解多轴加工的特点。
> ◎了解四轴联动数控机床。
> ◎了解五轴联动数控机床。
> ◎了解数控车铣复合机床。

一、多轴加工的特点

所谓多轴数控机床，是指在一台数控机床上至少具备第四轴。四轴联动数控机床有三个直线坐标轴和一个旋转坐标轴，并且这四个坐标轴可以在计算机数控（CNC）系统的控制下同时协调运动，进行加工。五轴联动数控机床有三个直线坐标轴和两个旋转坐标轴，并且这五个坐标轴可以同时控制、联动加工。与三轴联动数控机床相比，利用多轴联动数控机床进行加工的主要优点如下：

1）一次装夹可完成多面多方位加工，从而提高零件的加工精度和加工效率。对于需多面加工的工件如果采用三轴加工，必须经过多次定位安装才能完成；而采用五轴加工，一次装夹便可完成大部分的工作。

2）由于多轴数控机床的刀轴可以根据工件状态的改变而改变，刀具或工件的姿态角可以随时调整，所以可以加工更加复杂的零件，如航空发动机、汽轮机、螺旋推进器的叶片。

3）由于刀具或工件的姿态角可调，所以可以避免刀具干涉、欠切和过切现象的发生，从而获得更高的切削速度和切削宽度，使切削效率和加工表面质量得以提高和改善。

4）多轴数控机床的应用，可以简化刀具形状、降低刀具成本，同时还可以减小刀具的长径比，使刀具的刚度、切削速度、进给速度得以大大提高。

5）利用多轴数控机床进行加工时，工件的夹具较为简单。由于有了坐标转换和斜面加工功能，有些复杂型面的加工便可转变为二维平面的加工；由于有了刀具轴控制功能，斜面上孔加工的编程和操作也变得更加方便。

二、四轴联动数控机床

四轴联动数控机床有三个直线坐标轴和一个旋转坐标轴（A轴或B轴），并且四个坐标轴可以在计算机数控（CNC）系统的控制下同时协调运动，进行加工。图1-1所示为典型的四轴联动数控机床。

图1-1 四轴联动数控机床

（一）四轴联动数控立式机床

"3 + 1"形式的四轴联动数控立式机床是在三轴联动数控立式铣床或加工中心上附加一个具有旋转轴的数控转台来实现四轴联动加工的，数控转台的结构及应用如图1-2所示。

a)　　　　　　　　　　　　　　　　b)

图1-2　数控转台的结构及应用

a）数控转台的结构　b）数控转台的应用

四轴联动数控立式机床的主要加工形式与三轴联动数控立式铣床或加工中心的相同，数控转台只是机床的一个附件。这类机床的优点如下：

1）价格相对便宜。由于数控转台是一个附件，所以用户可以根据需要决定是否选配。

2）装夹方式灵活。用户可以根据工件的形状选择不同的装夹附件，既可以选配三爪形式的自定心卡盘装夹，也可以选配四爪形式的单动卡盘或者花盘装夹。

3）拆卸方便。当只需三轴加工大型工件时，可以把数控转台拆卸下来。当需要四轴加工时，可以很方便地把数控转台安装到工作台上。

此外，数控转台的尺寸规格会影响原有机床的加工范围，用户要根据被加工工件的尺寸合理选择数控转台的尺寸规格，并且注意数控转台及伺服系统参数的设定要满足四轴联动要求，如果只有三个伺服系统，是无法做到四轴联动的。

（二）四轴联动数控卧式机床

图1-3所示的鑫泰GSHM500L3型双工作台卧式加工中心是一种四轴联动数控卧式机床。该机床是高精度加工中心，采用全闭环控制系统和倒T形立柱移动式结构；反馈元件是精密直线光栅尺和圆光栅；分度台采用高精度多齿盘；数控系统采用FANUC-11M。该机床配有两个可自动交换的工作台，当左工作台上的工件处于加工状态时，操作者可在右工作台上对另一个工件进行加工准备工作，从而提高加工效率，该机床适用于箱体类零件的加工，如减速箱、阀体，以及多面零件的

图1-3　GSHM500L3型双工作台卧式加工中心

加工。

GSHM500L3 型双工作台卧式加工中心的技术参数见表1-1。

表 1-1　GSHM500L3 型双工作台卧式加工中心的技术参数

项　　目		单位	技术参数
三轴行程	X 轴行程	mm	650
	Y 轴行程	mm	650
	Z 轴行程	mm	650
	主轴鼻端至工作台中心距离	mm	120
	主轴中心至工作台面距离	mm	150
工作台	工作台尺寸　长度	mm	500
	工作台尺寸　宽度		500
	T 形槽尺寸　槽宽	mm	18
	T 形槽尺寸　底部宽		30
	工作台最大载荷	kg	500
	分度角	(°)	1（360°转台）
	分割可靠度	(″)	6
	工作台数	个	2
主轴	主轴转速	r/min	20 ~ 8000
	主轴鼻端锥度		7:24（BT40）
	主轴鼻端外径	mm	φ88
快速移动	X、Y、Z 轴快速移动速度	m/min	15
	切削进给速度	mm/min	1 ~ 5000
	三轴最小设定值	mm/min	0.001
自动换刀装置	刀具数量	把	30
	最大刀具直径	mm	φ95
	最大刀具长度	mm	350
	最大刀具质量	kg	10
	刀具规格		BT40
电动机	主轴电动机功率	kW	11/15
	X、Y、Z、B 轴伺服电动机功率	kW	4.0/4.0/3.0/1.6
	主轴循环式润滑电动机功率	W	750
	集中润滑给油装置功率	W	20
	油压电动机功率	kW	0.225
	冷却电动机功率	kW	1.1/1.1/0.55
	排屑输送机电动机功率	W	200
	刀臂旋转电动机功率	W	400
精度	定位精度	mm	0.01
	重复精度	mm	0.006

（续）

项 目		单位	技术参数
其他	刀具交换时间（刀—刀）	s	3
	工作台交换时间（P—P）	s	12
	机床外形尺寸 长度		5100
	机床外形尺寸 宽度	mm	2941
	机床外形尺寸 高度		2826

三、五轴联动数控机床

五轴联动数控机床有五个坐标轴（三个直线坐标轴和两个旋转坐标轴），而且五个坐标轴可以在计算机数控系统控制下同时协调运动，进行加工。图1-4所示为DMU 60 mono-BLOCK五轴镗铣加工中心。

和三轴联动数控机床相比，五轴联动数控机床多了两个旋转坐标轴。因此在结构布置方面，往往在三轴联动数控机床上添加两个转动轴就可以得到五轴联动数控机床。五轴联动数控机床按照主轴的位置关系可分为两大类：五轴联动数控立式机床和五轴联动数控卧式机床。

图1-4 DMU 60 monoBLOCK五轴镗铣加工中心

（一）五轴联动数控立式机床

五轴联动数控立式机床主要有三种形式：双摆台式（图1-5），双摆头式（图1-6）和一摆台一摆头式（图1-7）。

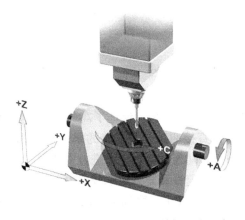

图1-5 双摆台式五轴联动数控立式机床

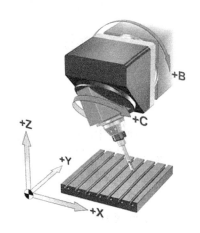

图1-6 双摆头式五轴联动数控立式机床

1. 双摆台式五轴联动数控立式铣床

双摆台式五轴联动数控立式铣床的刀轴方向不可变，两个旋转轴均在工作台上，工件加工时随工作台旋转，须考虑装夹承重，能加工的工件尺寸比较小。图 1-8 所示为 HPM600U 型双摆台式五轴联动加工中心。该机床采用聚合物混凝土整体压铸的落地床身和新型龙门框架式结构。其 X、Y、Z 三轴导轨各自独立，保证了高的精度稳定性。机床主轴采用立式结构，保证了高的切削稳定性。特殊设计的大摆角回转工作台采用力矩电动机直接驱动和强力液压机构锁紧，工作台两端支承在床身上，保证了良好的刚性。此外，不论在机床的正面还是侧面都可以方便地进行加工操作，以及观察刀具加工的情况，如图 1-9 所示。

图 1-7　一摆台一摆头式五轴联动数控立式机床

图 1-8　HPM600U 型双摆台五轴联动加工中心

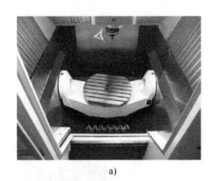

a)

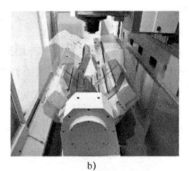

b)

图 1-9　HPM600U 型双摆台式五轴联动加工中心的结构
a）正面　b）侧面

HPM600U 型加工中心配有直接测量系统的回转、摆动工作台，保证了高的定位精度和重复定位精度。回转轴和摆动轴均由水冷的力矩电动机直接驱动。与传统的蜗杆传动相比，其转速更高、运转更平稳、精度更高，可以保证五轴长时间连续运转。当进行重切削时，回转、摆动工作台通过液压夹紧装置锁紧，保证了加工的稳定性和充分的承载能力。

工作台摆动范围为 91°~121°，可实现工件的立卧转换加工。联动加工时，可加工工件的最大尺寸为直径 860mm，最大质量可达 800kg。

HPM600U 双摆台式五轴联动加工中心工作台如图 1-10 所示。根据不同的应用目的，工作台可以选择不同尺寸、不同形状的台面，以保证工艺合理性和操作方便性。

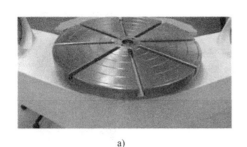
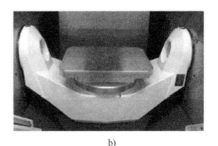

a)　　　　　　　　　　　　　　　b)

图 1-10　HPM600U 双摆台式五轴联动加工中心工作台

2. 双摆头式五轴联动数控立式铣床

双摆头式五轴联动数控立式铣床的工作台不动，两个旋转轴均在主轴上。机床能加工的工件尺寸比较大。图 1-11 所示为双摆头式五轴联动龙门加工中心。该机床既可联动，也可单动，其主要特点是可以加工具有模具的复杂曲面和船舶螺旋桨等工件。

图 1-11　双摆头式五轴联动龙门加工中心

3. 一摆台一摆头式五轴联动数控立式铣床

一摆台一摆头式五轴联动数控立式铣床的两个旋转轴分别在主轴和工作台上。工作台旋转，其上可装夹尺寸较大的工件；主轴摆动，可灵活改变刀轴方向。图 1-12 所示为 DMG75V Linear 型一摆台一摆头式五轴联动加工中心。五轴的 HSC 75Linear 装配有直接驱动的数控工作台和摆动主轴，因为使用双边轴承，叉状齿冠可以达到最大的刚度并且可以使用液压装夹，摆动头的摆动范围是 $10° \sim 110°$。摆动头和数控工作台的组合产生了新的加工方式。

（二）五轴联动数控卧式机床

图 1-13 所示为五轴联动卧式加工中心结构示意图。设置在床身上的工作台 A 轴的一般工作范围为 $-100° \sim 20°$。工作台的中间也设有一个回转台 B 轴，B 轴可双向 360° 回转。这

图 1-12 DMG75V Linear 型—摆台—摆头式五轴联动加工中心

种卧式五轴加工中心的联动特性比较好,常用于加工大型叶轮和具有复杂曲面的零件。回转轴也可配置圆光栅尺反馈,分度精度可达到几秒,当然这种回转结构比较复杂,价格也昂贵。

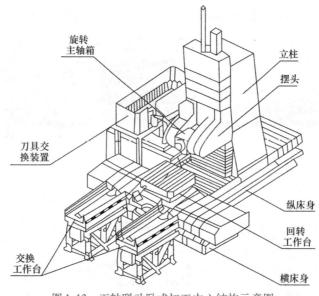

图 1-13 五轴联动卧式加工中心结构示意图

四、数控车铣复合机床

图 1-14 和图 1-15 所示分别为 GMX250 数控车铣复合机床及其内部结构。GMX250 数控车铣复合机床集成了车削和铣削的加工方法,可以在不更换机床设备的条件下,完成对零件

图 1-14 GMX250 数控车铣复合机床

的车铣复合加工。如图 1-16 所示，该机床具有主轴、副主轴、车铣主轴和刀塔，车铣主轴可以摆动，从而实现多轴加工。该机床是车铣工艺高度集中的先进多轴加工设备。

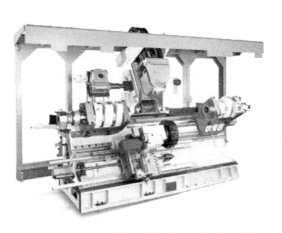

图 1-15　GMX250 数控车铣复合机床的内部结构

图 1-16　GMX250 数控车铣复合机床的
主轴、副主轴、车铣主轴和刀塔

五、单元小结

本单元首先介绍了多轴加工的特点，然后介绍了四轴联动数控机床、五轴联动数控机床以及数控车铣复合机床。通过本单元的学习，读者可掌握多轴数控机床的相关知识，为使用 UG NX 8.5 进行数控编程奠定理论基础。

单元二　多轴加工工艺与机床基本操作

本单元首先对数控多轴加工工艺做详细介绍，包括：多轴加工工件特点、工装夹具、切削刀具、多轴加工坐标系、切削用量选择以及工艺路线拟订等。然后以 HEIDENHAIN 为例，介绍数控多轴机床的基本操作。

学习目标

◎了解多轴加工刀具的应用。
◎了解多轴加工机床的坐标系及设定。
◎了解多轴加工常用的工艺路线。
◎掌握数控多轴机床操作面板的组成和基本操作。
◎掌握数控多轴机床的自动加工。

一、数控多轴加工工艺

（一）数控多轴加工工件、工装夹具及切削液

多轴加工就是多坐标加工，常用于加工具有复杂曲面的产品。本节首先介绍多轴加工工件、工装夹具以及切削液的相关内容。

1. 多轴加工工件

采用多轴联动机床加工模具，可以很快完成模具加工，使模具加工变得更加容易，并且使模具修改变得简单。在传统的模具加工中，一般用立式加工中心来完成工件的铣削加工。随着模具制造技术的发展，立式加工中心本身的一些弱点表现得越来越明显。现代模具加工普遍使用球头刀来进行加工，球头铣刀在模具加工中的优势是非常明显的，但是如果采用立式加工中心，其底面的线速度为零，这样底面的表面粗糙度值很大，如果使用四轴或五轴联动机床加工模具，则可以改进上述不足。

数控五轴联动机床，其刀具轴线可随时调整以避免刀具与工件的干涉，并且一次装夹能完成全部加工工序，可用于加工发动机叶片、船用螺旋桨、各种人工关节骨骼等具有复杂曲面零件的加工，此类零件约占五轴加工类零件的5%，典型复杂曲面类零件如图1-17所示。

图1-17　典型复杂曲面类零件

多轴定位加工是指将两个旋转轴根据不同要求转动到一定的角度，然后锁紧进行加工，当完成某一区域的加工后，再根据需要调整两个旋转轴的位置进行后续加工。五轴定位加工示意图如图1-18所示，定位加工类零件约占五轴加工类零件的95%。

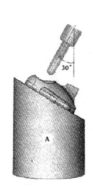

图 1-18　五轴定位加工

2. 工装夹具

夹具是加工时用来迅速紧固工件，使机床、刀具、工件保持正确相对位置的工艺装置。工装夹具是机械加工不可缺少的部件，在机床技术向高速、高效、精密、复合、智能、环保方向发展的趋势带动下，夹具技术正朝着高精、高效、模块、组合、通用、经济方向发展。

在机床上加工工件时，为使工件的表面能达到图纸规定的尺寸、几何形状以及与其他表面的相互位置精度等技术要求，加工前必须将工件装好（定位）、夹牢（夹紧）。

应用机床夹具，有利于保证工件的加工精度、稳定产品质量；有利于提高劳动生产率和降低成本；有利于改善工人劳动条件，保证安全生产；有利于扩大机床工艺范围，实现"一机多用"。

目前，对数控机床的夹具提出了一系列新的要求，如推行标准化、系列化和通用化；发展组合夹具和拼装夹具，降低生产成本；提高精度；提高夹具的高效自动化水平等。

（1）组合夹具　为了适应不同外形尺寸的工件，机床组合夹具系统在机床加工行业中分为大型、中型和小型三个系列；每个系列的元件按照用途可分为如下八类：

1）基础件：如方形、矩形、圆形基础板和基础角铁等，用作夹具体。

2）支承件：如垫片、垫板、支承板、支承块和伸长板等，主要用作不同高度的支承。

3）定位件：如定位销、定位盘、V形块和定位支承块等，用于确定元件与元件、元件与工件之间的相对位置。

4）导向件：如钻模板、钻套和铰套等，用于确定刀具与工件的相对位置。

5）夹紧件：如各种压板等，用于将工件夹紧在夹具上。

6）紧固件：如螺栓和螺母等，用于紧固各元件。

7）其他件：上述六类元件以外的各种用途的元件。

8）合件：指在组装过程中不拆散使用的独立部件，有定位合件、导向合件和分度合件等。

为便于组合并获得较高的组装精度，组合夹具元件本身的制造公差等级为 IT6~7，并要求有很好的互换性和耐磨性。一般情况下，组装成的夹具能加工 IT8 级精度的工件，如经过仔细调整，也可加工公差等级为 IT6~7 的工件。图 1-19 所示为轴类零件组合夹具，图 1-20 所示为钻孔用组合夹具。

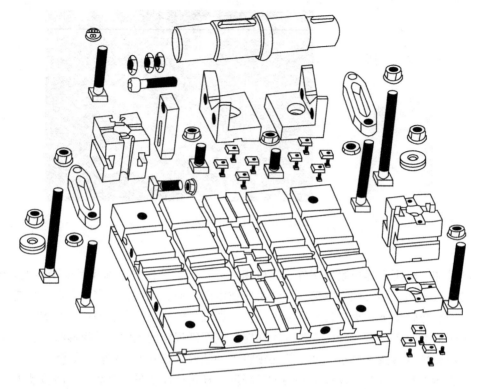

图 1-19 轴类零件组合夹具

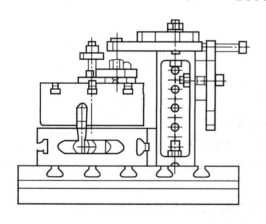
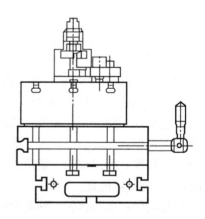

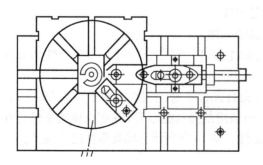

图 1-20 钻孔用组合夹具

（2）柔性夹具　柔性夹具是在成组工艺基础上，用标准化、系列化的夹具零部件拼装而成的夹具。它有组合夹具的优点，比组合夹具有更好的精度、刚性，更小的体积和更高的效率，因而较适合柔性加工的要求，常用作数控机床夹具。柔性夹具的应用如图1-21所示。

柔性制造系统（FMS）的加工设备主要是数控加工中心，被加工零件结构要素的位置尺寸是这类机床自动获取和保证的，因此在加工前只要求通过夹具保证工件在机床坐标系中位置的已知性。此外，在FMS生产方式下，工件尽可能在一次装夹中完成多道工序的加工，这与专用夹具不同，即从专用夹具与工件的某一道工序相对接变换成夹具必须与工件的多道工序或整个加工过程相对接。这使得FMS中夹具结构简单，数量减少，零件加工精度提高。

柔性夹具有以下主要特点：①是针对特定FMS设计制造的夹具系统。夹具结构满足FMS数控加工的需要，结构简单，装卸迅速，一次装夹完成多面加工。②具有足够的刚度和强度，可更好地适应数控大切削用量加工。夹具设计具有通用性，夹具系统有足够的柔性，可以最少的夹具元件系列组装成尽可能多的夹具，以满足FMS零件加工需要。③夹具元件的拼装环节少，从而能提高夹具总体刚性，降低积累误差。

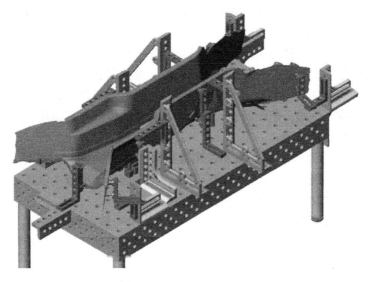

图1-21　柔性夹具的应用

3. 切削液

切削液的主要功能是润滑和冷却，它对于减少刀具磨损、提高加工表面质量、降低切削区温度、提高生产效率都有非常重要的作用。

（1）切削液的作用　润滑作用：切削液在切削过程中的润滑作用，可以减小前刀面与切屑、后刀面与已加工表面间的摩擦，形成部分润滑膜，从而减小切削力、摩擦和功率损耗，降低刀具与工件坯料摩擦部位的表面温度和刀具磨损程度，改善工件材料的切削加工性能。在磨削过程中，加入磨削液后，磨削液渗入砂轮磨粒与工件、磨粒与磨屑之间，形成润滑膜，使界面间的摩擦减小，防止磨粒切削刃磨损和粘附切屑，从而减小磨削力和摩擦热，提高砂轮寿命以及工件表面质量。

冷却作用：切削液的冷却作用是通过它和因切削而发热的刀具（或砂轮）、切屑和工件间的对流和汽化作用，把切削热从刀具和工件处带走，从而有效地降低切削温度，减小工件和刀具的热变形，保持刀具硬度，提高加工精度和刀具寿命。切削液的冷却性能和其导热系数、比热、汽化热以及黏度（或流动性）有关。水的导热系数和比热均高于油，因此水的冷却性能要优于油。

清洗作用：在金属切削过程中，要求切削液有良好的清洗作用。切削液能除去生成的切屑、磨屑以及铁粉、油污和砂粒，防止机床、工件和刀具被弄脏，使刀具或砂轮的切削刃保持锋利，不致影响切削效果。对于油基切削液，黏度越低，清洗能力越强，尤其是含有煤油、柴油等轻组分的切削油，渗透性和清洗性能就越好。含有表面活性剂的水基切削液，清洗效果较好，因为它能在加工表面上形成吸附膜，阻止粒子和油泥等粘附在工件、刀具及砂轮上，同时它能渗入到粒子和油泥粘附的界面上，将其从界面上分离，随切削液带走，保持界面清洁。

防锈作用：在金属切削过程中，工件与环境介质及切削液组分分解或氧化变质而产生的油泥等腐蚀性介质接触而腐蚀，与切削液接触的机床部件表面也会因此被腐蚀。此外，工件在加工后或工序之间流转过程中暂时存放时，也要求切削液有一定的防锈能力，防止环境介质及切削液中残存的油泥等腐蚀性物质对金属产生侵蚀。特别是我国南方地区在潮湿多雨的季节，更应注意工序间的防锈措施。

其他作用：除了以上四种作用外，切削液还应具备良好的稳定性，要求在储存和使用过程中不产生沉淀或分层、析油、析皂和老化等现象；对细菌和霉菌有一定的抵抗能力，不易发霉或因生物降解而发臭、变质；不损坏涂漆零件，对人体无危害，无刺激性气味；在使用过程中无烟、无雾或少烟雾；便于回收，低污染，排放的废液处理简便，经处理后能达到国家规定的工业污水排放标准等。

（2）切削液的选用原则　切削液的使用效果除与本身的性能有关外，还与工件材料、刀具材料、加工方法等因素有关，应该综合考虑，合理选择切削液，以达到良好的效果。下面介绍根据不同的刀具材料选用合适切削液的原则：

工具钢：其耐热温度在 200 ~ 300℃ 之间，只适用于一般材料的切削，在高温下会失去该有的硬度。由于这种材料的刀具耐热性能差，所以要求切削液的冷却效果要好，一般采用乳化液为宜。

高速工具钢：这种材料是以铬、镍、钨、钼、钒（部分含铝）为基础的高级合金钢，其耐热性远高于其他工具钢，允许的最高温度可达 600℃。与其他耐高温的金属和陶瓷材料相比，高速工具钢有一系列优点，特别是它有较高的韧性，适用于几何形状复杂工件的加工和连续的切削加工，而且高速工具钢具有良好的可加工性和经济性。使用高速工具钢刀具进行低速和中速切削时，建议采用油基切削液或乳化液。在高速切削时，由于发热量大，宜采用水基切削液；若使用油基切削液，会产生较多油雾，污染环境，而且容易造成工件烧伤，加工质量下降，刀具磨损增大。

硬质合金：用于切削刀具的硬质合金由碳化钨（WC）、碳化钛（TiC）、碳化钽（TaC）和质量分数为 5% ~ 10% 的钴组成，它的硬度大大超过高速钢，允许的最高工作温度可达 1000℃，具有优良的耐磨性能，在加工钢铁材料时，可减少切屑间的粘结现象。在选用切削液时，要考虑硬质合金对骤热的敏感性，尽可能使刀具均匀受热，否则易导致崩刃。在加工一般的材料时，经常采用干切削，但干切削时工件温升较高，易产生热变形，影响工件加工精度，而且在没有润滑剂的条件下进行切削，由于切削阻力大，功率消耗增大，刀具的磨损也会加快。硬质合金刀具价格较贵，所以从经济方面考虑，干切削也是不可取的。在选用切削液时，由于油基切削液的热传导性能较差，使刀具产生骤冷的危险性要比水基切削液小，所以选用含有抗磨添加剂的油基切削液为宜。在使用冷却液进行切削时，要注意均匀地冷却刀具，最好在开始切削之前，预先用切削液冷却刀具。对于高速切削，要用大流量切削液喷淋切削区，以免造成刀具受热不均匀而产生崩刃，也可减少由于温度过高而产生的油雾污染。

陶瓷：采用氧化铝、金属和碳化物在高温下烧结而成，这种材料的高温耐磨性比硬质合金还要好，一般采用干切削，但考虑到均匀冷却和避免温度过高的要求，也常配合使用水基切削液。

金刚石：具有极高的硬度，一般采用干切削。为避免温度过高，也像陶瓷材料一样，许多情况下配合使用水基切削液。

（二）多轴加工刀具

多轴加工技术的发展过程中，刀具技术的发展起到了非常关键的作用。多轴加工技术发展的一个重要课题就是如何提高刀具材料的耐高温和耐磨损性能。在近几十年的发展历程中，多轴加工的刀具材料和刀具制造技术都发生了巨大的变化，新材料、新工艺不断出现，刀具材料也由早期的高速钢、硬质合金发展到金刚石、立方氮化硼（CBN）、陶瓷等其他材料。

1. 常用的多轴加工刀具

（1）金刚石刀具 金刚石是碳的同素异构体，它是自然界中已经发现的最硬的一种材料。天然金刚石作为切削刀具已有上百年的历史了。在20世纪50年代出现了人工合成的金刚石；70年代人们采用高温高压合成技术制备出了聚晶金刚石（简称PCD）；20世纪70年代末至80年代初，出现了用化学气相沉积法（CVD）在异质基体（如硬质合金）上合成金刚石膜进而制作刀具的工艺。金刚石刀具的种类如图1-22所示。单晶金刚石、PCD和CVD金刚石的物理、力学性能和使用特性见表1-2。

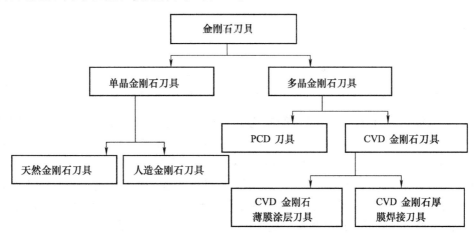

图1-22 金刚石刀具的种类

PCD是通过金属结合剂（如Co、Ni等）将金刚石微粉聚合而成的多晶体材料。虽然PCD的硬度低于单晶金刚石，但PCD属各向同性材料，使得刀具制造中不需择优定向；

PCD 结合剂具有导电性，这使得 PCD 便于切割成形，且成本远低于天然金刚石，因此，PCD 刀具的应用远比天然金刚石刀具的广泛。CVD 金刚石不含任何金属或非金属添加剂，其性能与天然金刚石相比十分接近，且兼具单晶金刚石和 PCD 的优点，但其成本远远低于天然金刚石。CVD 金刚石刀具可制成两种形式：一种是在基体上沉积厚度小于 $50\mu m$ 的薄层膜制成的刀具，即 CVD 金刚石薄膜涂层刀具；另一种是沉积厚度达到 1mm 的无衬底金刚石厚膜制成的刀具，即 CVD 金刚石厚膜焊接刀具。

表 1-2　单晶金刚石、PCD 和 CVD 金刚石的物理、力学性能和使用特性

性能 \ 材料	单晶金刚石	PCD	CVD 金刚石
密度/（g/cm³）	3.52	4.1	3.51
弹性模量/GPa	1050	800	1180
抗压强度/GPa	9.0	7.4	16.0
断裂韧度/MPa·m$^{1/2}$	3.4	9.0	5.5
硬度/GPa	80~100	50~75	85~100
热导率/[W/(m·K)]	1000~2000	500	750~1500
热膨胀系数/（10^{-6}/K）	2.5~5.0	4.0	3.7
材质结构	纯金刚石	含 Co 黏结剂	纯金刚石
耐磨性	高于 PCD 和 CVD 金刚石	据金刚石颗粒大小而定	比 PCD 高 2~10 倍
韧性	差	优	良
化学稳定性	高	较低	高
可加工性	差	优	差
焊接性	差	优	差
刃口质量	优	良	优
适用性	超精密加工	粗加工、精加工，不适于加工有机复合材料	精加工、半精加工、连续切削、湿切、干切，适于加工有机复合材料

（2）立方氮化硼刀具　立方结构的氮化硼，分子式为 BN，其晶体结构类似于金刚石，硬度略低于金刚石，为 HV72000~98000MPa，常用作磨料和刀具材料。1957 年，美国的 R. H. 温托夫首先研制出立方氮化硼（CBN）。CBN 有单晶体和多晶体之分，即单晶 CBN 和聚晶立方碳化硼（简称 PCBN）。CBN 与金刚石的硬度相近，又具有高于金刚石的热稳定性和对铁族元素的高化学稳定性。单晶 CBN 主要用于制作磨料和磨具。CBN 材料应用于高速切削或磨削，都可收到提高产品质量、提高加工效率、缩短加工周期和降低加工成本等显著效果。PCBN 是在高温高压下将微细的 CBN 材料通过结合剂（TiC、TiN、Al、Ti 等）烧结在一起形成的多晶材料，是目前人工合成的硬度仅次于金刚石的刀具材料。根据结构的不同，PCBN 刀具可分为 PCBN 焊接刀具和 PCBN 可转位刀具两大类。PCBN 的性能与 CBN 的含量、结合剂和粒度的种类等因素有关。

（3）陶瓷刀具 20世纪80年代以来，陶瓷刀具已广泛应用于高速切削、干切削、硬切削以及难加工材料的切削加工。陶瓷刀具具有以下特点：耐磨性好，可加工传统刀具难以加工或根本不能加工的高硬度材料，因而可免除退火加工所消耗的电力，并因此提高工件的硬度，延长机器设备的使用寿命；能对高硬度材料进行粗、精加工，也可进行铣削、刨削、断续切削和毛坯粗车等冲击性很大的加工；陶瓷刀片切削时与金属间的摩擦力小，切屑不易粘接在刀片上，不易产生积屑瘤，可以进行高速切削；在相同条件下，工件表面粗糙度值比较小。刀具寿命比传统刀具高几倍甚至几十倍，减少了加工过程中的换刀次数，可保证被加工工件的小锥度和高精度；陶瓷刀具耐高温，红硬性好，可在1200℃下连续切削。陶瓷刀具的切削速度可以比硬质合金刀具高很多，可进行高速切削或实现"以车、铣代磨"，切削效率比传统刀具高3~10倍，可达到节约工时、电力、机床数（节约30%~70%或更高）的效果。

日前，国内外应用最为广泛的陶瓷刀具材料为复相陶瓷，其种类及可能的组合如图1-23所示。

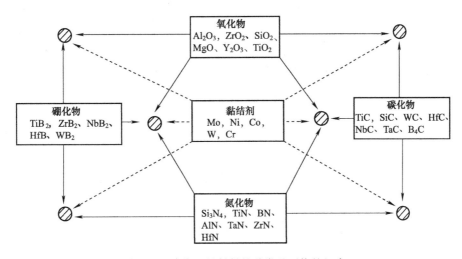

图1-23 陶瓷刀具材料的种类及可能的组合

（4）金属陶瓷刀具 碳（氮）化钛TiC（N）基硬质合金是以TiC代替WC为硬质相，以Ni、Mo等作黏结剂制成的硬质合金，其中WC含量较少，其耐磨性优于WC基硬质合金，介于陶瓷和硬质合金之间，也称为"金属陶瓷"。金属陶瓷兼有金属和陶瓷的优点，它密度小、硬度高、耐磨、导热性好，不会因为骤冷或骤热而脆裂。另外，在金属表面涂一层气密性好、熔点高、传热性能很差的陶瓷涂层，也能防止金属或合金在高温下氧化或腐蚀。金属陶瓷既具有金属的韧性、高导热性和良好的热稳定性，又具有陶瓷的耐高温、耐腐蚀和耐磨损等特性。金属陶瓷刀具具有接近陶瓷的硬度和耐热性，加工时与钢制工件表面间的摩擦因数小，且抗弯强度和断裂韧度比陶瓷高，因此，TiC（N）基硬质合金可作为高速切削加工刀具材料，它不仅可用于精加工，也可用于半精加工、粗加工和断续切削。

（5）涂层刀具 涂层刀具是在强度和韧性较好的硬质合金或高速钢（HSS）基体表面上，利用气相沉积方法涂覆一薄层耐磨性好的难熔金属或非金属化合物（也可涂覆在陶瓷、金刚石和立方氮化硼等超硬材料刀片上）而获得的。涂层可视为化学屏障和热屏障，涂层

刀具的结构减少了刀具与工件间的扩散和化学反应，从而减少了月牙槽磨损。涂层刀具具有表面硬度高、耐磨性好、化学性能稳定、耐热耐氧化、摩擦因数小和热导率低等特性，切削时可比未涂层刀具提高刀具寿命 3 ~ 5 倍，提高切削速度 20% ~ 70%，提高加工精度 0.5 ~ 1 级，降低刀具消耗费用 20% ~ 50%。

根据涂覆方法不同，涂层刀具可分为化学气相沉积（CVD）涂层刀具和物理气相沉积（PVD）涂层刀具。硬质合金涂层刀具一般采用化学气相沉积法，沉积温度在 1000℃ 左右；高速钢涂层刀具一般采用物理气相沉积法，沉积温度在 500℃ 左右。根据涂层刀具基体材料的不同，涂层刀具可分为硬质合金涂层刀具、高速钢涂层刀具以及在陶瓷和超硬材料（金刚石和立方氮化硼）涂层刀具等。根据涂层材料性质的不同，涂层刀具又可分为"硬"涂层刀具和"软"涂层刀具。表 1-3 列出了常用的耐磨涂层材料。表 1-4 列出了常用的硬质合金基体与涂层材料的组合。涂层结构有单涂层、多涂层、梯度涂层、软/硬复合涂层、纳米涂层、超硬涂层等，典型的涂层结构如图 1-24 所示。

表 1-3   常用的耐磨涂层材料

涂层材料	材料示例
碳化物	TiC、HfC、SiC、ZrC、WC、VC、B_4C 等
氮化物	TiN、VN、TaN、CrN、ZrN、BN、Si_3N_4、AlN、CrNAl 等
氧化物	Al_2O_3、SiO_2、Cr_2O_3、TiO_2、HfO_2 等
硼化物	TiB_2、ZrB_2、NbB_2、TaB_2、WB_2 等
硫化物	MoS_2、WS_2、TaS_2 等
其他	TiCN、TiAlN、TiAlCN 等

表 1-4   常用的硬质合金基体与涂层材料的组合

基体 \ 涂层	TiC	TiN	TiC-Ti(C,N)-TiN	HfN	TiC-Al_2O_3	TiC-Al_2O_3-TiN	Al_2O_3	Ti(C,N)-TiN-Al(O,N)
M16	▲		▲		▲	▲	▲	▲
P25		▲	▲	▲				
P40	▲	▲						
K10	▲	▲	▲				▲	▲

注：▲表示基体含有涂层材料

（6）超细晶粒硬质合金刀具   普通硬质合金晶粒度为 3 ~ 5μm，一般细晶粒硬质合金的晶粒度为 1.5μm 左右，亚微细粒合金晶粒度为 0.5 ~ 1μm，而超细晶粒硬质合金 WC 的晶粒度在 0.5μm 以下。超细晶粒硬质合金比同样成分普通硬质合金的硬度高 2HRA 以上，抗弯强度高 600 ~ 800MPa。超细晶粒硬质合金中 Co 的质量分数为 9% ~ 15%，硬度可达 90 ~ 93HRA，抗弯强度达 2000 ~ 3500MPa。

2. 刀具材料的合理选择

目前广泛应用的高速切削刀具主要有：金刚石刀具、立方氮化硼刀具、陶瓷刀具、涂层刀具、TiC（N）基硬质合金刀具、超细晶粒硬质合金刀具等。不同材料的刀具都有其特定

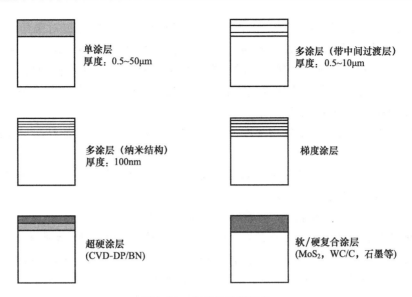

单涂层
厚度：0.5~50μm

多涂层（带中间过渡层）
厚度：0.5~10μm

多涂层（纳米结构）
厚度：100nm

梯度涂层

超硬涂层
(CVD-DP/BN)

软/硬复合涂层
(MoS₂，WC/C，石墨等)

图 1-24　典型的涂层结构

的加工范围，只适用于一定的工件材料和一定的切削速度范围，所谓万能刀具是不存在的。因此，合理选用刀具材料是成功进行高速切削加工的关键。

一般而言，PCBN、陶瓷刀具、涂层硬质合金及 TiC（N）基硬质合金刀具适合于钢铁等黑色金属的高速加工；而 PCD 刀具适合于铝、铜等有色金属及其合金，以及非金属材料的高速加工。表 1-5 列出了上述几种材料制成的刀具所适合加工的工件材料。

表 1-5　几种材料制成的刀具所适合加工的工件材料

工件材料 刀具	高硬钢	耐热合金	钛合金	镍基高温合金	铸铁	普通碳素钢	高硅铝合金	FRP 复合材料
PCD	×	×	○	×	×	×	●	●
PCBN	●	●	○	●	●	●	▲	▲
陶瓷刀具	●	●	×	●	●	▲	×	×
涂层硬质合金	○	●	●	▲	●	●	▲	▲
TiC(N)基硬质合金	▲	×	×	×	●	▲	×	×

注：●—优，○—良，▲—尚可，×—不合适

（三）常用的多轴刀柄系统

1. BT 系统

目前市场上大量应用的多轴刀柄系统是 BT 系统，即 7∶24 锥度的工具系统，如图 1-25 所示。标准的 7∶24 锥度联接有如下优点：①可实现刀具的快速装卸；②刀柄的锥体在拉杆轴向拉力的作用下，紧紧地与主轴内锥面接触，实心锥体直接在主轴锥孔内支承刀具，可以减小刀具的悬伸量；③只有一个尺寸（锥角）需加工到很高的精度，所以 BT 系统成本较低而且可靠，多年来应用非常广泛。随着切削高速化的发展，该工具系统也暴露出以下不足：

1）刚性不足。由于不能实现与主轴端面和内锥面的同时定位，所以标准的 7∶24 锥度联

接在主轴端面和刀柄法兰端面间有较大的间隙。7∶24 锥度联接的刚度对锥角的变化和轴向拉力的变化很敏感，当拉力增大 4~8 倍时，联接的刚度可提高 20%~50%，但是，过大的拉力在频繁换刀过程中会加速主轴内孔的磨损，影响主轴前轴承的寿命。高速主轴的前端锥孔由于离心力的作用而膨胀，为保证这种联接在高速下仍有可靠的接触需有一个很大的过盈量来抵消高速旋转时主轴轴端的膨胀。

2）ATC（自动换刀）的重复精度不稳定。每次自动换刀后刀具的径向尺寸都可能发生变化。

3）轴向尺寸不稳定。主轴高速转动时受离心力的作用，内孔会增大，在拉杆拉力的作用下，刀具的轴向位置会发生改变。

4）刀柄锥度较大，锥柄较长，不利于快速换刀及机床小型化。

5）主轴的膨胀还会引起刀具及夹紧机构质心的偏离，影响主轴的动平衡。标准 7∶24 锥度的锥柄较长，很难实现全长无间隙配合，一般只要求配合面前段 70% 以上接触，因此配合面后段会有一定的间隙，该间隙会引起刀具径向圆跳动误差，影响动平衡。

7∶24 锥度的 BT 刀柄一般用于速度小于 15000 r/min 的场合。针对 7∶24 锥度联接结构存在的问题，一些研究机构和刀具企业开发了一种可使刀柄在主轴内锥面和端面同时定位的新型联接方式。其中最具有代表性的是摒弃原有的 7∶24 标准锥度而采用新思路的替代性设计，如德国的 HSK 系列和美国的 KM 系列刀具锥柄系统。其中，HSK 刀柄的开发是机床—刀具联接技术的一次飞跃，被誉为 21 世纪接口与制造技术的一项重大革新。

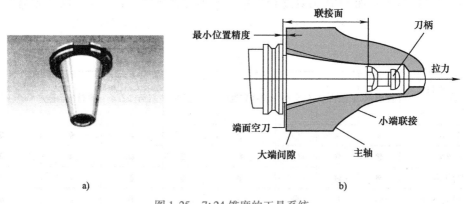

a)   b)

图 1-25　7∶24 锥度的工具系统

2. HSK 系统

HSK 刀柄系统（图 1-26）是由德国阿亨大学机床研究室专为高速机床主轴开发的一种刀轴联接结构，已被列入德国标准。HSK 短锥刀柄采用 1∶10 的锥度，它的锥体比标准的 7∶24 锥体短，锥柄部分采用薄壁结构，质量减少约 50%，锥度配合的过盈量较小，刀柄和主轴端部关键尺寸的公差带特别严格，刀柄的短锥和端面很容易与主轴相应结合面紧密接触，实现双重定位，具有很高的联接精度和刚度。当主轴高速旋转时，刀柄仍能与主轴锥孔保持良好的接触，主轴转速对联接刚度影响小。HSK 系统具有良好的静态、动态刚度和极高的径向、轴向定位精度，其轴向定位精度比 7∶24 锥柄提高了 3 倍，径向圆跳动误差降低，特别适合于高速粗、精加工和重负荷切削。HSK 薄壁液压夹头体积小、不平衡点少，因而振动小、夹紧力大、无间隙、装夹牢靠。目前 HSK 刀柄系统已被列入国际标准。

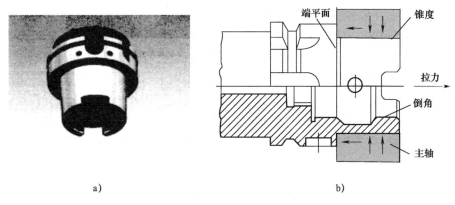

a)　　　　　　　　　　　　　　　　　　　b)

图 1-26　HSK 刀柄系统

HSK 刀柄的结构形式对应 A 、B 、C 、D 、E 、F 六种型号，如图 1-27 所示。HSK 刀柄的符号说明如图 1-28 所示。

A 型、B 型、C 型、D 型刀柄都是利用键槽传递转矩的，它们的结构不完全对称，适用于中等转速加工场合，而 E 型和 F 型刀柄是利用锥面和端面的摩擦力传递转矩的，结构完全对称，适用于高速加工场合。A 型、C 型、E 型刀柄和 B 型、D 型、F 型刀柄的主要差别在于驱动槽的位置、换刀时装夹的位置、切削液通道以及法兰面面积大小的不同。

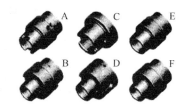

图 1-27　HSK 刀柄的结构形式及型号

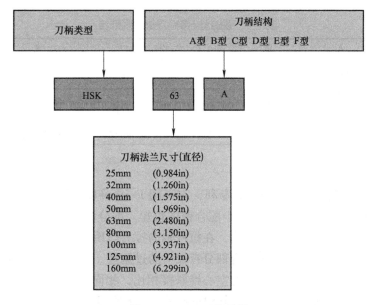

图 1-28　HSK 刀柄符号

六种型号 HSK 刀柄的结构特点是：

1）空心、薄壁、短锥，锥度为 1:10。

2）端面与锥面同时定位、夹紧，刀柄在主轴中的定位为过定位。

3）使用由内向外的外胀式夹紧机构。

图1-29所示为HSK刀柄及其联接结构。在拉杆拉紧力作用下，HSK刀柄的空心锥柄和主轴锥孔在整个锥面和支承平面之间产生摩擦，提供结构的径向定位。主轴自动平衡系统能把由刀具残余不平衡和配合误差引起的振动降低90%以上。目前，一些刀具公司已能提供具有HSK刀柄接口和不同平衡精度的高速切削刀具系统。HSK刀柄系统也有缺点：它与目前广泛使用的主轴端面结构和刀柄不兼容；制造精度要求较高，结构复杂，成本较高（HSK刀柄的价格是普通标准7∶24刀柄的2~3倍）；锥度配合过盈量较小。各型号HSK刀柄的应用情况见表1-6。

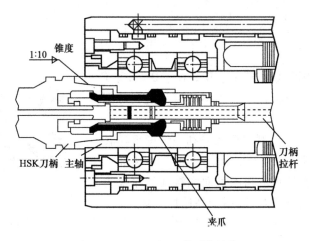

图1-29　HSK刀柄及其联接结构

表1-6　各型号HSK刀柄应用情况

刀柄型号	A	B	C	D	E	F
主轴工艺性	较差	一般	较差	一般	好	好
刀具通用性	好	较差	一般	较差	好	好
换刀形式	自动	自动	手动	手动	自动、手动	自动、手动
应用领域	重切削	重负荷	较重负荷	较重负荷	有色金属较轻负荷	木工机械

3. KM系统

KM刀柄系统是美国肯纳维公司的专利，它采用1∶10锥度的短锥配合，锥柄的长度仅为标准7∶24锥柄长度的三分之一，由于配合锥体较短，部分解决了端面与锥面同时定位产生的干涉问题。刀柄设计成中空的结构，在拉杆轴向拉力作用下，短锥可径向收缩，实现端面与锥面同时接触定位。由于锥度配合部分有较大的过盈量，所需的加工精度比标准的7∶24长锥配合所需的精度低。与其他类型的空心锥联接相比，相同法兰外径条件下，KM刀柄采用的锥柄直径较小，主轴锥孔在高速旋转时的扩张小。KM刀柄系统的主要缺点是：主轴端部需重新设计，与传统的7∶24锥联接不兼容；短锥的自锁性能会使换刀困难；由于锥柄是空心的，所以不能用于刀具的夹紧，刀具夹紧需由刀柄的法兰实现，增加了刀具的悬伸量；由于端面接触定位是以空心短锥和主轴变形为前提实现的，主轴的膨胀会恶化主轴轴承的工作条件，影响轴承的寿命。表1-7列出了BT、HSK和KM刀柄系统的结构特点和紧固性能。

表 1-7 BT、HSK 和 KM 刀柄系统的结构特点和紧固性能

刀柄系统	BT	HSK	KM
结合部位	锥面	锥面 + 端面	锥面 + 端面
传力零件	弹性套筒	弹性套筒	钢球
典型规格	BT40	HSK-63B	KM6350
结构及基本尺寸（锥面基准直径，法兰直径）	$\phi 63.00$ $\phi 44.45$	$\phi 63.00$ $\phi 38.00$	$\phi 63.00$ $\phi 40.00$
刀柄形状	实心	空心	空心
锁紧机构	←拉紧力	←拉紧力	←拉紧力
拉紧力/kN	12.1	3.5	11.2
锁紧力/kN	12.1	10.5	33.5
理论过盈量/μm	—	3 ~ 10	10 ~ 25
刀柄锥度	7:24	1:10	1:10

（四）多轴加工工艺规划的原则

多轴加工工艺的制订应注意以下三点：第一，保持切削载荷平稳；第二，保证最小的进给率损失；第三，可实现最大的程序处理速度。

在上述三个关键点中，控制切削载荷最重要，它是实现后两点的基础。多轴加工要求切削载荷均匀，没有剧烈的变化。合理的粗加工和半精加工方案，应使工件留有较为均匀的余量，才能达到控制切削载荷的目的，因此，在多轴加工过程中要十分重视粗加工和半精加工。

1. 粗加工的加工效率

在粗加工时，加工效率以每分钟切除的工件材料的体积计算，即用单位时间的金属切除量（金属切除率）表示，它与切削速度、进给量和背吃刀量（切削深度）成正比。金属切除率 $\eta(\mathrm{cm^3/min})$ 可用下式表示：

$$\eta = v_f \times f \times a_p / 1000 \tag{1-1}$$

式中　v_f——切削速度（mm/min）；

　　　f——进给量（mm/r）；

　　　a_p——背吃刀量（切削深度）（mm）。

2. 精加工的加工效率

在精加工时，加工效率以每分钟加工的加工面积表示。一般来说，粗加工采用常规加工工艺，因为它有较高的金属切除率；精加工采用多轴高速加工，能达到很高的切削速度，并能够切削更大的表面积（对小零件，粗加工到精加工都可采用高速加工）。但是，对于粗加

工后的半成品，需要用半精加工去除那些不均匀的多余材料，制成一个余量比较均匀的半成品，为精加工采用多轴高速加工创造条件。

3. 多轴加工工艺规划的原则

多轴加工工艺与常规加工工艺有很大的不同。多轴加工要求从整体上考虑每一道工序的协调问题，要求能记录前一道工序加工后的材料余量，指导后续的加工。对于一个多轴加工任务来说，要把粗加工、半精加工和精加工作为一个整体来考虑，设计出一个合理的加工方案，从总体上达到高效率和高质量的要求，充分发挥多轴加工的优势，这就是多轴加工工艺规划的原则。具体地说，多轴加工工艺规划要遵循下列原则：

1) 在多轴加工过程中尽可能提高切削时间在整个工作时间中的比例，减少非加工时间（如换刀、调整、空行程等的时间）。

2) 多轴加工不仅仅要求高的切削速度，应该把它看作一个整体过程，各个工序转接要流畅。

3) 需要对多轴加工工艺进行非常细致的设计。

4) 多轴加工不一定采用高的主轴转速，许多高速切削的应用是在中等主轴转速下用大尺寸刀具完成的。

5) 多轴加工可以用于淬硬材料的加工，例如，精加工淬硬钢件时可以采用比常规加工高4~6倍的切削速度和进给量。

6) 多轴加工是一种高效加工，一般来说，既适合小尺寸工件从粗加工到精加工的过程；又适合大尺寸工件精加工和超精加工的过程。

4. 多轴加工的工艺特点

正因为多轴加工是一项系统工程，所以更要做好多轴加工工艺规划，对每一个加工过程和细节都要认真对待。多轴加工的工艺特点可以概括如下：

1) 流畅的刀轨。

2) 浅切削，一般来说切削深度不大于刀具直径的10%。

3) 高切削速度。

4) 进刀方式采用斜坡、圆弧和螺旋。

5) 大量采用小切削深度的分层切削。

6) 多用球头铣刀，使用球头铣刀时应注意其近中心处切削速度极小，切削条件比较恶劣。因此应尽可能使铣刀轴线与工件的法线方向之间有一个倾斜角，根据试验，该角为15°左右时，刀具的寿命将达到最长。

7) 尽量保持均匀的切削余量。

8) 防止产生切削的二次切断。

9) 在冷却方面，油雾冷却（又称准干切削）是比较理想的选择，喷气冷却、高压大流量内部冷却也可以接受，但应避免低压的、外部的冷却方式。

(五) 切削刀具的选择

通常选用如图1-30所示的三种立铣刀进行多轴铣削加工，在多轴铣削中一般不推荐使用平底立铣刀。平底立铣刀在切削时刀尖部位受流屑干涉，切屑变形大，同时平底立铣刀的有效切削刃长度最短，刀尖受力大、切削温度高，导致快速磨损。因此，在工艺允许的条件下，尽量采用刀尖圆弧半径较大的刀具进行高速铣削。

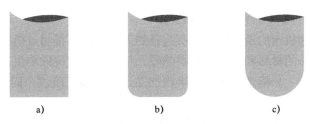

图 1-30　立铣刀示意图
a）平底立铣刀　b）圆角立铣刀　c）球头铣刀

随着立铣刀刀尖圆弧半径的增加，刀具的平均切削厚度和主偏角均下降，同时刀具轴向受力增加，可以充分利用机床的轴向刚度，减小刀具变形和切削振动。

图 1-31 所示为平底立铣刀和圆角立铣刀的受力示意图，可以看出，圆角立铣刀的铣削力明显小于平底立铣刀，可知在轴向切深变小时铣削力迅速下降。

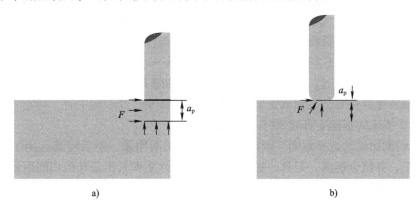

图 1-31　立铣刀受力示意图
a）平底立铣刀　b）圆角立铣刀

因此，在多轴铣削加工时通常采用刀尖圆弧半径较大的立铣刀，且轴向切深一般不宜超过刀尖圆弧半径；径向切削深度的选择和加工材料有关，对于铝合金之类的轻合金，为提高加工效率可以采用较大的径向铣削深度，对于钢及其他可加工性稍差的材料宜选择较小的径向铣削深度，减缓刀具磨损。

（六）切削用量的选择

高速切削加工参数主要包括切削速度、进给量和背吃刀量，也称切削用量。高速铣削加工一般采用较高的切削速度 v_f，中等的每齿进给量 f_z，适当放大的侧吃刀量 a_e 和较小的背吃刀量 a_p。

对切削参数的选择一般遵循以下原则：

由切削理论可知：对刀具寿命影响最大的切削参数是切削速度，其次是进给量，最后是吃刀量（切削深度）。在实际生产中，要从考虑刀具寿命的角度出发，在保证加工质量及工艺系统刚性允许的条件下，优先选用较大的背吃刀量，再选用较大的进给量，最后选取适宜的切削速度。因此在实际生产中，相同材质的刀具加工相同材料的工件时，刀具直径越大，转速就越低；刀具直径越小，转速就越高。高速切削铣刀价格比较贵，选择切削用量时更要遵循上述原则。

数控高速机床切削参数的选择方法如下：

1）明确所用高速机床的最高转速　所选择的刀具转速不得超过机床的最高转速。

2）明确加工工件的材料和硬度　材料越硬，切削用量相应取小值。

3）明确加工性质　分清是粗加工、半精加工还是精加工阶段，同一切削参数在不同的加工阶段取值不同：

①转速：粗加工→半精加工→精加工，转速逐渐增大。

②进给量：粗加工→半精加工→精加工，进给量逐渐减小。

③吃刀量（背吃刀量 a_p、侧吃刀量 a_e）：粗加工→半精加工→精加工，吃刀量逐渐减小。

4）明确所用刀具的性能　选择的刀具最终决定了主轴的转速，决定了机床加工是普通低速加工还是高速加工。进行高速加工，必须选择高速刀，并给出相应的速度范围。不同生产商不同品牌的刀具承受高速的能力是不一样的，经销商提供的刀具相关技术资料一般有以下内容：刀具类型，尺寸大小，加工材料硬度，最大的吃刀量，推荐的切削速度或主轴转速、进给量等，这些相关资料可能在选择切削用量时提供参考。参考刀具制造商提供的参数进行加工，通常会取得满意的加工效果。另外需强调一点，与普通低速 CNC 机床相比，当用高速机床进行高速加工时，吃刀量（直径方向、轴向方向）相应要小，这是因为机床功率一定，主轴转速越快时，主轴承受切削力的能力将减小。高速加工时，背吃刀量大约应在普通低速 CNC 机床的基础上衰减 30 % ~ 50% 。

5）遵循切削用量的选择原则　确定出较合理的切削用量，然后将其运用于实际加工中加以检验修正，并结合机床、刀具、加工材料和加工性质摸索出最佳的切削用量来。背吃刀量选用过大和主轴转速选用不当会造成断刀和加工面粗糙。

二、数控多轴机床基本操作

HEIDENHAIN TNC 是面向车间应用的轮廓加工数控系统，操作人员可在机床上采用易用的对话格式编程语言编写常规加工程序。它适用于铣床、钻床、镗床和加工中心。本节以 iTNC 530 数控系统为例进行相关介绍，iTNC 530 数控系统最多可控制 12 个轴，也可由程序来定位主轴角度。系统自带的硬盘提供了足够的存储空间存储大量程序，包括脱机状态编写的程序。为方便快速计算，还可以随时调用内置的计算器。键盘和屏幕显示布局清晰合理，可以快速方便地使用所有功能。

（一）数控多轴机床坐标系的定义

由数控系统控制的机床运动轴称为控制轴，如图 1-32 所示。数控机床通过各个移动件的运动产生刀具与工件之间的相对运动来实现切削加工。为表示各移动方位和方向（机床坐标轴），数控机床的标准坐标系采用右手笛卡儿坐标系，用 X、Y、Z 表示直线轴，用 A、B、C 分别表示绕 X、Y、Z 旋转的旋转轴，用 U、V、W 分别表示与 X、Y、Z 平行的平行轴。

（二）数控多轴机床的操作面板组成和基本操作

1. 操作面板

操作面板是操作人员与数控机床进行交互的工具，一方面，操作人员可通过它对数控机床进行操作、编程、调试，或对机床参数进行设定和修改；另一方面，操作人员也可以通过它了解或查询数控机床的运行状态。HEIDENHAIN iTNC 530 数控系统操作面板如图 1-33 所示。

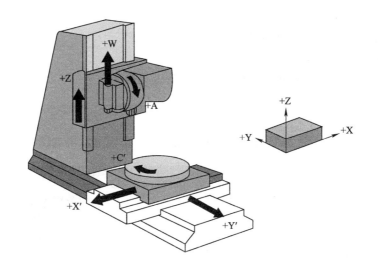

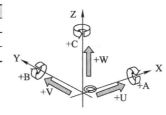

基本轴	旋转轴	平行轴
X	A	U
Y	B	V
Z	C	W

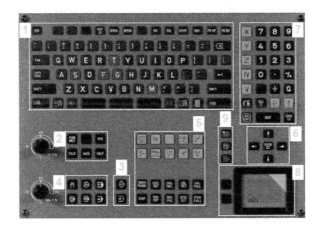

图 1-32　数控系统控制轴

图 1-33　HEIDENHAIN iTNC 530 数控系统操作面板

操作面板中各部分的功能介绍如下：

1）用于输入文本和文件名，以及用于 DIN/ISO 格式编程的字符键盘；双处理版还有 Windows 操作键。

2）文件管理器，计算器，MOD 功能和 HELP（帮助）功能。

3）编程模式。

4）机床操作模式。

5）启动编程对话。

6）方向键和 GOTO（跳转）命令。

7）数字输入和轴选择。

8）鼠标触摸板：用于双处理器版和 DXF 转换工具操作。

9）smarT. NC 浏览键。

2. 操作显示屏

HEIDENHAIN iTNC 530 系统配置彩色纯平显示器，可视显示屏如图 1-34 所示。

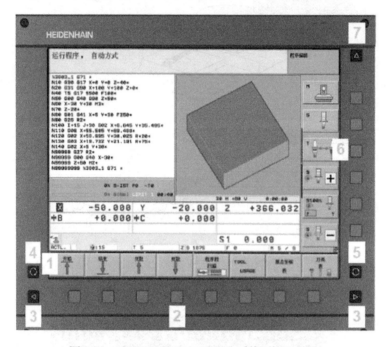

图 1-34　HEIDENHAIN iTNC 530 系统可视显示屏

显示屏中各部分的功能介绍如下：

1）系统软键。

2）软键选择键。

3）软键行切换键。

4）设置屏幕布局。

5）加工和编程模式切换键。

6）预留给机床制造商的软键选择键。

7）预留给机床制造商的软键行切换键。

3. 操作模式

（1）手动操作和电子手轮　"手动操作"模式用于设置机床状态，在"手动操作"模式下，可以用手动或增量运动来定位机床轴、设置工件原点以及倾斜加工面。在"电子手轮"模式下，可用 HR 电子手轮移动机床坐标轴。

（2）手动数据输入（MDI）定位　这个操作模式用于相对简单运动的编程，如铣端面或预定位。

（3）程序编辑模式　"程序编辑"模式可编写零件加工程序。FK自由编程功能、各种循环加工功能和Q参数功能使用户可以编写程序和添加必要信息，如有需要，"编程图形"或"3－D线图"功能可以显示编程的运动路径。

（4）测试运行　在"测试运行"操作模式下，TNC系统将检查程序和程序块中是否有误，例如尺寸是否相符、程序中是否缺少数据、数据是否有错误或是否符合加工要求。"图形模拟"功能支持不同的显示模式。

（5）程序运行

1）在"程序运行－全自动方式"操作模式下，TNC系统连续执行加工程序直到程序结束，或手动暂停，或有指令暂停为止。程序中断运行后，可恢复程序继续执行。

2）在"程序运行－单段方式"操作模式下，通过按机床的"START（开始）"键来依次执行各程序段。

HEIDENHAIN iTNC 530数控系统操作模式的功能键见表1-8。

表1-8　HEIDENHAIN iTNC 530数控系统操作模式的功能键

键	操作模式	功　能
	编程	编程和修改程序
	测试运行	无运动程序测试／有图形支持或无图形支持 几何尺寸是否相符 数据是否缺失
	手动操作	移动机床轴 显示轴坐标值 工件原点设置
	电子手轮	用电子手轮移动机床坐标轴 工件原点设置
	MDI定位模式	输入数控系统立即执行的定位语句或循环语句 将输入的程序段保存为程序
	程序运行－单段方式	逐程序段运行程序，每个程序段按START（启动）键开始
	程序运行－全自动方式	按下START EXT（机床启动）按钮后程序连续运行
	smarT.NC	编程和修改程序 测试运行 程序运行，全自动／单程序段 编辑刀具表

（三）数控多轴机床的手动操作

1．开机和关机

（1）开机　开启控制系统和机床电源。TNC数控系统将自动进行如下初始化：

1）内存自检，自动检查TNC数控系统内存。

2）电源掉电，TNC数控系统显示出错信息"电源掉电"——清除该清息。

3）转换 PLC 程序，自动编译 TNC 的 PLC 程序。

（2）关机　为防止关机时数据丢失，需要用如下方法关闭操作系统：

1）选择"手动操作"模式。

2）选择关机功能，用 YES（是）软键再次确认。

3）当 TNC 数控系统的弹出窗口显示"Now you can switch off the TNC"（现在可以关闭 TNC 系统了）字样时，切断 TNC 电源。

2. 移动机床轴

（1）用机床轴方向键移动

1）选择"手动操作" 模式。

2）按住机床轴方向键直到轴移动到所要的位置为止，或者连续移动轴：按住机床轴方向键，然后按下机床的 START（启动）按钮。

3）要停止机床轴移动，按下机床 STOP（停止）按钮。

（2）增量式点动定位　采用增量式点动定位，可按预定的距离移动机床轴。

1）选择"手动操作" 或"电子手轮" 操作模式。

2）按软键行切换键 ，切换行。

3）选择增量式点动定位：将"INCREMENT"（增量）软键置于 ON（开）。

4）输入以毫米为单位的点动增量。

5）根据具体需要决定按下机床轴方向键的次数。

3. 主轴转速 S、进给率 F 和辅助功能 M

在"手动操作"和"电子手轮"操作模式下，可用软键输入主轴转速 S、进给速率 F 和辅助功能 M，三个参数输入方式相同，下面以主轴转速 S 的输入为例进行说明：

1）按 S 软键输入主轴转速。

2）输入所需主轴转速并用机床的 START（启动）按钮确认。

（四）程序文件的调用与编辑

1. 文件管理器，如图 1-35 所示。

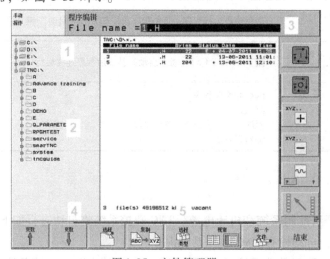

图 1-35　文件管理器

1）驱动，主要包括：以太网、RS232 接口、RS – 422 接口、TNC 的硬盘。

2）目录，主要包括：TNC 显示全部目录、子目录右缩进显示。

3）当前路径或文件名，主要包括：①文件名：保存在当前目录下的文件，包括文件类型；②字节：以字节为单位的文件大小；③状态：M 为程序运行操作模式中选择的文件，S 为测试运行操作模式中选择的文件，E 为程序编辑操作模式中选择的文件，P 为文件有写保护，禁止删除或修改；④日期：文件最后修改日期；⑤时间：文件最后修改时间。

4）目录窗口，主要包括当前驱动器中目录，当前目录为打开的文件夹。

5）文件窗口，主要包括当前目录下所保存的文件，被选的文件为高亮显示。

2. 创建和编写程序

（1）创建新零件程序　必须在程序编辑操作模式下输入零件程序。创建程序举例：

1）按编程键 ✦，选择程序编辑操作模式。

2）要调用文件管理器，按 PGM MGT 键。

3）选择用于保存新程序的目录，输入新程序名并用 ENT 键确认。

4）要选择尺寸单位，按 MM 或 INCH 软键。TNC 切换屏幕布局并启动 BLK FORM（毛坯形状、工件毛坯）定义对话框。

5）选择工作主轴的坐标轴，例如 Z。

6）定义毛坯形状：最小角点，依次输入最小点的 X、Y、Z 坐标并用 ENT 键确认每一个输入值。

7）定义毛坯形状：最大角点，依次输入最大点的 X、Y、Z 坐标并用 ENT 键确认每一个输入值。

举例：在数控程序中显示毛坯形状。

```
0   BEGIN    PGM NEW MM                         程序开始，程序名，尺寸单位
1   BLK    FORM   0.1  Z  X +0   Y +0   Z –40    主轴坐标轴，最小点坐标
2   BLK    FORM   0.2   X +100   Y +100   Z +0   最大点坐标
```

（2）编程程序　创建或编辑零件程序过程中，可使用箭头键或软键选择程序中任何所需的行或程序段中的字，如图1-36 所示。

键	含义	功能
ENT	确认 ➡ 回答"yes"（是）	■ 确认输入值，保存 ■ 显示下一信息
NO ENT	不输入 ➡ 回答"no"（否）	■ 不确认输入值 ■ 显示下一信息
CE	清除输入 ➡ 确认信息	■ 删除输入值；"0"
END	程序段结束 ➡ 结束程序段	■ 加载全部程序段 ■ 结束输入 ■ 取消功能
DEL	删除程序段 ➡ 取消操作	■ 删除程序行

图 1-36　编程零件程序软键

（五）数控多轴机床的手动数据输入（MDI）操作

1. 手动数据输入（MDI）定位

1）选择"手动数据输入定位"操作模式。编写 MDI 程序文件。

2）要开始执行程序，按机床的 START（启动）键。

例如：在一个工件上钻 3 个深度为 5mm 的孔，如图 1-37 所示。

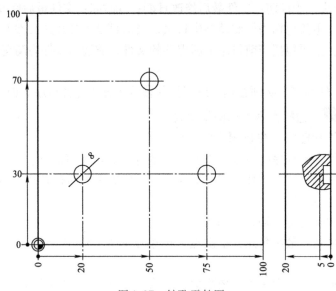

图 1-37　钻孔零件图

参考程序：

0 BEGIN PGM 6BAS151 MM

1 BLK FORM 0.1 Z X + 0 Y + 0 Z − 20

2 BLK FORM 0.2 X + 100 Y + 100 Z + 0　工件毛坯定义

3 TOOL CALL 1 Z S2200　刀具调用

4 L Z + 100 R0 FMAX M3　第二安全高度

5 L X + 20 Y + 30 R0 FMAX　　　孔 1

6 L Z + 2 R0 FMAX

7 L Z − 5 R0 F250　　　　　　钻孔

8 L Z + 2 R0 FMAX

9 L X + 75 R0 FMAX　　　　　孔 2

10 L Z − 5

11 L Z + 2 R0 FMAX

12 L X + 50 Y + 70 R0 FMAX　孔 3

13 L Z − 5

14 L Z + 100 R0 FMAX M30

15 END PGM 6BAS151 MM

2. 保护和删除 MDI 中的程序

通常 MDI 文件只用于临时所需的小程序。虽然如此，如果需要也可以按如下步骤将其保存起来：

1）选择"程序编辑"操作模式。

2）按下 PGM MGT（程序管理）键，调用文件管理器。

3）按选择键将高亮条移至 MDI 文件上。

4）按 COPY（复制）软键，选择文件复制功能。

5）输入要保存 MDI 文件中当前内容的文件名。

6）按执行键，复制文件。

7）按下 END（结束）软键，关闭文件管理器。

（六）数控多轴机床自动加工

1. 自动启动程序

在"程序运行"操作模式下，可以用 AUTOSTART（自动启动）软键启动自动加工。

2. 可选跳过程序段

在"测试运行"或"程序运行"操作模式下，TNC 数控系统可以跳过用"/"斜线开始的程序段。

1）要运行或测试非斜线开始的程序段，将软键置于开 ON。

2）要运行或测试斜线开始的程序段，应将软键置于关 OFF。

3. 可选程序运行中断

TNC 数控系统可选择在含 M1 的程序段外中断程序运行或测试运行。如果在"程序运行"操作模式下使用 M1，TNC 将不关闭主轴或切削液。

1）在有 M1 程序段处，不中断"程序运行"或"测试运行"：将软键置于关 OFF。

2）在有 M1 程序段外，中断"程序运行"或"测试运行"：将软键置于开 ON。

三、单元小结

数控多轴加工工艺包括分析多轴数控铣削的主要加工对象、数控铣削刀具的选择、切削用量的确定及加工工艺路线拟订等。多轴加工往往是利用三轴进行粗加工，然后通过多轴加工实现零件的精加工。本单元以 HEIDEHAIN 系统为例，讲解了多轴机床的操作面板组成、机床手动操作、机床 MDI 操作和自动加工，通过本单元的学习，读者可以对数控多轴加工工艺与基本操作有一个系统的了解。

第 **2** 章

UG NX四轴加工技术

作为世界上最先进的 CAD/CAM/CAE 集成的大型高端应用软件，UG NX 软件除了提供强大的三轴加工外，还提供了比较成熟的多轴加工模块。四轴加工中，刀具同时做 X、Y、Z 三个方向的移动，同时一般工件能够绕 X 轴或 Y 轴转动。典型的四轴加工产品有凸轮、蜗杆、人体模型和其他精密零件。

本章学习要点：

1）可变轴曲面轮廓铣介绍。

2）刀轴控制方法。

3）四轴铣削典型的加工案例。

单元一　UG NX 四轴加工基础

通常，数控四轴联动机床有三个直线坐标轴和一个旋转轴（A 轴或 B 轴），并且四个坐标轴可以在计算机数控（CNC）系统的控制下同时协调运动，进行加工。UG NX 软件的 CAM 模块提供了较好的四轴加工工序，如可变轴曲面轮廓铣、固定轴曲面轮廓铣等。

> **学习目标**
>
> ◎了解 UG NX 四轴加工模块。
> ◎理解 UG NX 可变轴曲面轮廓铣削四轴加工。
> ◎理解 3 + 1 轴的定位加工。
> ◎掌握刀轴控制方法。

一、UG NX 四轴加工简介

UG NX 是一款非常适合进行四轴联动加工编程的数控软件，在四轴加工中，刀具同时做 X、Y、Z 三个方向的移动，同时一般工件还能够绕 X 轴或 Y 轴转动。UG NX8.5 提供了如下功能：

1. 可变轴曲面轮廓铣削四轴加工

在可变轴铣削过程中，刀轴在沿刀路运动时可以不断改变方向，此时只需控制刀轴进行绕单轴的旋转，即可实现四轴加工，主要用于曲面轮廓的半精加工或精加工。

2. 3+1轴定位加工

在进行四轴加工时，很多情况可以看作是平面加工或者固定轴加工。这是因为加工时机床的旋转轴会先进行旋转，将加工工件或刀具主轴旋转到某一个需要的方位，然后再对工件进行加工，而在对工件进行切削加工的过程中，加工工件或者刀轴主轴的方位并不发生变化。UG NX软件提供的平面铣削、固定轴曲面轮廓铣削、固定轴自动清根、钻孔等功能，都是采用此种方式来实现的。

二、UG NX 四轴加工方法

在UG NX软件中，四轴加工一般采用"可变轴曲面轮廓铣"工序来进行，下面对该工序以及四轴加工中所用到的刀轴控制方法进行介绍。

（一）可变轴曲面轮廓铣

可变轴轮廓铣是用于精加工曲面轮廓区域的加工方法，它可以通过精确控制刀轴和投影矢量，使刀轨沿着非常复杂的曲面轮廓移动。首先通过将驱动点从驱动曲面投影到部件几何体上来创建刀轨，驱动点由曲线、边界、面或曲面等驱动几何体生成，并沿着指定的投影矢量投影到部件几何体上。然后，刀具定位到部件几何体进行移动以生成刀轨。可变轴曲面轮廓铣示意图如图2-1所示。

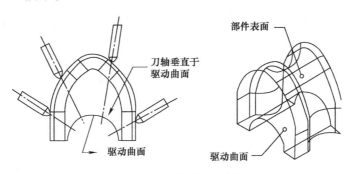

图2-1 可变轴曲面轮廓铣

（二）刀轴控制

编程加工时，可以定义"固定"和"可变"的刀轴方位。"固定刀轴"将保持与指定矢量平行，而"可变刀轴"在沿刀轨运动时将不断改变方向，如图2-2所示。如果将操作类型指定为"固定轮廓铣"，则只有"固定刀轴"选项可以使用；如果将操作类型指定为"可变轮廓铣"，则全部"刀轴"选项均可使用。可将"刀轴"定义为从刀尖方向指向刀具夹持器方向的矢量，如图2-3所示。

可变轴曲面轮廓铣提供了大量的刀

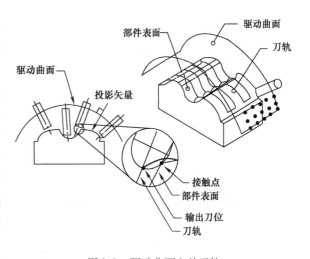

图2-2 驱动曲面上的刀轨

轴控制方式，用户可在"可变轮廓铣"操作对话框中的"刀轴"组框中进行选择，如图2-4所示。

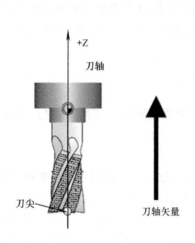

图2-3 刀轴矢量　　　　　　　　　　图2-4 可变轮廓铣刀轴控制方式

在"可变轮廓铣"操作类型下，常用于四轴加工的刀轴控制方式有以下几种：

1. 远离直线

"远离直线"用于定义偏离聚焦线的可变刀轴。刀轴沿聚焦线移动，同时与该聚焦线保持垂直。刀具在平行平面间运动。刀轴矢量从定义的聚焦线离开并指向刀具夹持器，如图2-5所示。

2. 朝向直线

"朝向直线"用于定义向聚焦线收敛的可变刀轴。刀轴沿聚焦线移动，同时与该聚焦线保持垂直。刀具在平行平面间运动。刀轴矢量指向刀具夹持器和定义的聚焦线，如图2-6所示。

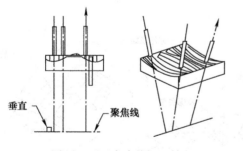

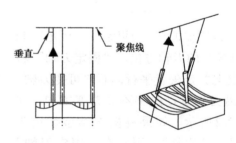

图2-5 "远离直线"刀轴　　　　　　　图2-6 "朝向直线"刀轴

3. 垂直于部件

"垂直于部件"用于定义在每个接触点处垂直于部件表面的刀轴，如图2-7所示。

4. 垂直于驱动体

"垂直于驱动体"用于定义在每个驱动点处垂直于驱动曲面的可变刀轴，如图2-8a所示。由于此选项需要用到一个驱动曲面，因此它只能在使用了"曲面驱动法"后才可以使用。"垂直于驱动体"可用于在非常复杂的部件表面上控制刀轴的运动，如图 2-8b 所示。

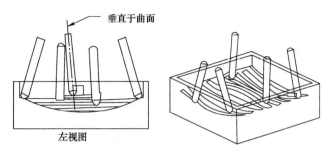

图 2-7 "垂直于部件"刀轴

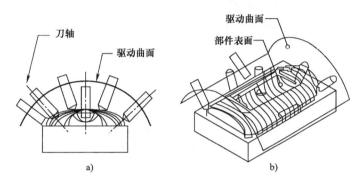

图 2-8 "垂直于驱动体"刀轴

三、单元小结

本单元对 UG NX 四轴加工技术做了简要介绍，重点介绍了四轴加工的可变轴曲面轮廓铣中常用的刀轴控制方法。正确理解四轴加工中刀轴控制的含义与方法是成功进行四轴加工的前提，因此应熟练掌握。

单元二 圆柱凸轮四轴加工编程

凸轮是机械设备的常用零件，常用的有圆盘凸轮和圆柱凸轮。本单元以圆柱凸轮加工编程为案例，讲解 UG NX 软件的四轴加工编程。在这个过程中，将重点介绍 UG NX 软件的各种高级多轴加工方法和应用，以及按照熟悉的方法和工艺生成刀轨的过程。

学习目标

◎ 了解圆柱凸轮的加工工艺。

◎ 掌握加工驱动几何体的创建。

◎ 掌握可变轴曲面轮廓铣的驱动方法。

◎ 掌握刀轴的控制。

◎ 熟悉 UG NX 软件四轴加工编程的步骤。

一、工作任务分析

图 2-9 所示为圆柱凸轮零件，该零件的毛坯高 200mm、直径 100mm，材料为铸铁，凸轮表面有一个回转封闭的流道槽，要求加工流道槽底面及两个侧面。该零件为轴类零件，在加工流道槽之前需要进行阶梯轴的车削工作。车削完成后，再利用四轴加工中心进行铣削。

根据零件的特点，按照加工工艺的安排原则，主要工序安排如下：

（1）流道槽粗加工　采用型腔铣进行流道槽粗加工（3＋1轴定位加工），刀具采用 $\Phi10R1$mm 的圆角刀。

（2）流道槽精加工　采用可变轴曲面轮廓铣进行曲面精加工，驱动方式选择"曲面"，刀轴为"远离直线"，刀具采用 $\Phi6R3$mm 的球头铣刀。

（3）侧面精加工　采用可变轴曲面轮廓铣进行曲面精加工，驱动方式选择"曲面"，刀轴方向为"远离直线"，刀具采用 $\Phi6R3$mm 的球头铣刀。其加工工艺见表 2-1。

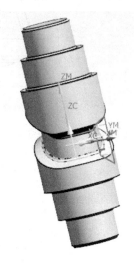

图 2-9　圆柱凸轮零件

表 2-1　圆柱凸轮加工工艺

序号	加工工步	加工策略	加工刀具	公差/mm	余量/mm
1	圆柱凸轮流道槽粗加工	型腔铣	圆角刀 T1D10R1	0.01	0.5
2	圆柱凸轮流道槽上侧面精加工	可变轮廓铣1	球头铣刀 T2B6	0.01	0
3	圆柱凸轮流道槽下侧面精加工	可变轮廓铣2	球头铣刀 T2B6	0.01	0
4	圆柱凸轮流道槽底面精加工	可变轮廓铣3	球头铣刀 T2B6	0.01	0

二、加工环境设置

1）双击桌面快捷方式图标，打开 UG NX8.5 软件。

2）在 UG NX8.5 软件中单击【打开】按钮，选择"tulun.prt"文件，（该文件包含于本书随赠的素材资源包中），单击【OK】按钮，打开该文件，自动进入建模模块。

3）单击【开始】按钮，单击【加工】命令，弹出【加工环境】对话框，如图 2-10 所示。在【CAM 会话配置】中选择【cam_general】，在【要创建的 CAM 设置】中选择【mill_planar】，然后单击【确定】按钮进入加工模块。

4）单击【几何视图】按钮，把【工序导航器】切换到【几何】。双击【MCS_MILL】打开【MCS 铣削】对话框，单击【指定 MCS】中的按钮，进入【CSYS】对话框，选择【类型】为"自动判断"，选择上表面为自动判断的面。单击【确定】按钮完成

【CSYS】设置，回到【MCS 铣削】对话框，展开【安全设置】栏，在【安全设置选项】的下拉列表中选择【平面】，选择毛坯上表面为基础平面，输入距离数值 30，单击【确定】按钮完成安全平面和加工坐标系的设置。

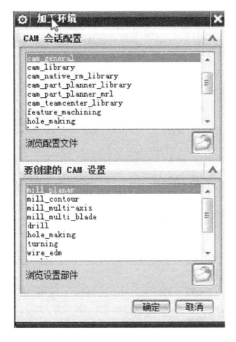

图 2-10　【加工环境】对话框

图 2-11　选择部件几何体

5）单击【MCS_MILL】前面的 + 号，双击【WORKPIECE】打开【工件】对话框，单击【指定部件】中的按钮 ，选择建模完成后的模型为部件，如图 2-11 所示。单击【指定毛坯】中的按钮 ，弹出【毛坯几何体】对话框，在【类型】的下拉列表中选择【包容圆柱体】，如图 2-12 所示，单击【确定】按钮。回到【工件】对话框，单击【确定】按钮完成几何部件和毛坯的创建。

6）单击【插入】工具栏中的【创建刀具】按钮 ，弹出【创建刀具】

图 2-12　选择毛坯几何体

对话框，在【类型】的下拉列表中选择【mill_planar】，【刀具子类型】选择【MILL】 ，在【名称】文本框中输入 T1D10R1，如图 2-13 所示。单击【确定】按钮或单击鼠标中键弹出【铣刀 -5 参数】对话框，在对话框中设置【直径】为 10，【下半径】为 1，【刀具号】

为1，其他参数默认即可，如图 2-14 所示。设置参数后单击【确定】按钮，图形区的工作坐标系位置会立即显示创建的刀具形状。按照上述方法继续创建 T2B6 球头铣刀，完成所有刀具的创建。

图 2-13 【创建刀具】对话框

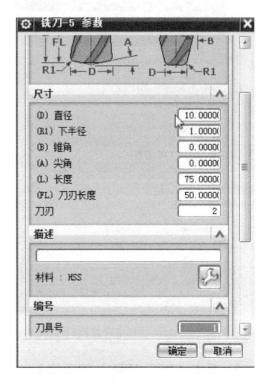

图 2-14 【铣刀 –5 参数】对话框

三、圆柱凸轮流道槽粗加工

1）单击【创建工序】按钮 ，弹出【创建工序】对话框，在【类型】的下拉列表中选择【mill_contour】；在【工序子类型】中选择【型腔铣】图标 ；在【位置】中，定义如下参数：

　①【程序】为 PROGRAM-1。
　②【刀具】为 T1D10R1。
　③【几何体】为 WORKPIECE。
　④【方法】为 MILL_ROUGH。
　单击【确定】按钮弹出【型腔铣】对话框。

2）展开【型腔铣】对话框中的【几何体】栏。单击【指定部件】和【指定毛坯】中的【显示】按钮 ，图形区会高亮显示对应的零件和毛坯，可用于检验零件是否选择正确。单击【指定切削区域】中的按钮 ，弹出【切削区域】对话框，选择如图 2-15 所示的区域，单击【确定】按钮完成【切削区域】的设置。

图 2-15　选择切削区域

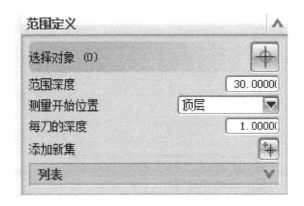

图 2-16　设置加工层范围

3）展开【刀轴】对话框，在【轴】的下拉列表中选择【指定矢量】，单击【指定矢量】中的按钮 ，选择【XC 轴】，完成对【刀轴】的设置。

4）展开【刀轨设置】对话框，【切削模式】选择【跟随周边】，在【平面直径百分比】文本框中输入 75，在【最大距离】文本框中输入 1。然后单击【切削层】中的按钮，弹出【切削层】对话框，在【范围定义】中的【范围深度】文本框中输入 30，如图 2-16 所示。单击【确定】按钮，回到【刀轨设置】对话框。

5）单击【刀轨设置】对话框【非切削移动】中的按钮，弹出【非切削移动】对话框，在【封闭区域】中的【斜坡角】文本框中输入 2。单击【确定】完成【非切削移动】的设置。

6）单击【刀轨设置】对话框【进给率和速度】中的按钮，弹出【进给率和速度】对话框，选择【主轴速度】复选框，并在文本框中输入 5000，在【切削】文本框中输入 2000，单击【确定】按钮完成【进给率和速度】的设置。

图 2-17　凸轮流道槽的粗加工刀轨

7）单击【操作】栏中的【生成】按钮，生成凸轮流道槽的粗加工刀轨，如图 2-17 所示。

8）按照上述 1）~7）的步骤，完成另外几条刀轨的生成。只需要对第 4 步中【指定矢量】的选择依次进行修改，分别改为【 − XC 轴】、【YC 轴】、【 − YC 轴】，即可进行三个程序的编制（其余的参数设置都与之前步骤中的参数设置相同）。

9）流道槽粗加工生成的程序段如图 2-18 所示，生成的圆柱凸轮粗加工刀轨如图 2-19所示。

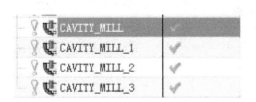

图 2-18　流道槽粗加工程序段　　　　　图 2-19　圆柱凸轮粗加工刀轨

四、圆柱凸轮流道槽精加工

（一）凸轮流道槽上侧面的精加工

1）单击【创建工序】按钮，弹出【创建工序】对话框，在【类型】的下拉列表中选择【mill_multi-axis】；在【工序子类型】中选择【可变轮廓铣】图标；在【位置】中，定义如下参数：

①【程序】为 PROGRAM-1。

②【刀具】为 T2B6。

③【几何体】为 MCS。

④【方法】为 MILL_FINISH。

单击【确定】按钮弹出【可变轮廓铣】对话框。

2）展开【几何体】对话框，默认【几何体】对话框设置。

3）展开【驱动方法】对话框，在【方法】的下拉列表中选择【曲面】，弹出【曲面区域驱动方法】对话框，单击【指定驱动几何体】中的按钮，如图 2-20 所示，选择流道槽上侧面为驱动面；设置合适的【切削方向】和【材料反向】；展开【驱动设置】，在【步距】的下拉列表中选择【数量】，设置【步距数】为 10，上述参数设置如图 2-21 所示。单击【确定】按钮完成【曲面区域驱动方法】的设置。

4）展开【刀轴】对话框，在【轴】的下拉列表中选择【侧刃驱动体】，单击【指定侧刃方向】中的按钮，弹出【选择侧刃驱动方向】对话框，选择如图 2-22 所示的方向。单击【确定】按钮，完成侧刃驱动方向的设置。

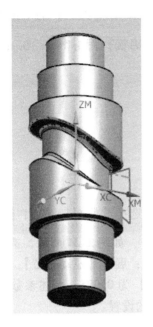

图 2-20 选择驱动面

图 2-21 【曲面区域驱动方法】对话框

5）单击【刀轨设置】对话框【进给率和速度】中的按钮![icon]，弹出【进给率和速度】对话框，选择【主轴速度】复选框，并在文本框中输入 5000，在【切削】文本框中输入 2000，单击【确定】按钮完成【进给率和速度】的设置。

6）单击【操作】栏中的【生成】按钮![icon]，生成凸轮流道槽上侧面的精加工刀轨，如图 2-23 所示。

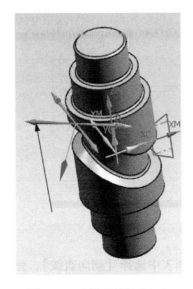

图 2-22 选择侧刃驱动方向

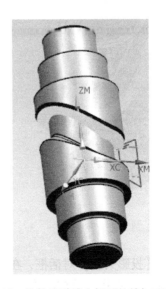

图 2-23 凸轮流道槽上侧面的精加工刀轨

（二）凸轮流道槽下侧面的精加工

1）单击【创建工序】按钮 ，弹出【创建工序】对话框，在【类型】的下拉列表中选择【mill_multi-axis】；在【工序子类型】中选择【可变轮廓铣】图标 ；在【位置】中，定义如下参数：

①【程序】为 PROGRAM-1。

②【刀具】为 T2B6。

③【几何体】为 MCS。

④【方法】为 MILL_FINISH。

单击【确定】按钮弹出【可变轮廓铣】对话框。

2）展开【几何体】对话框，默认【几何体】对话框设置。

3）展开【驱动方法】对话框，在【方法】的下拉列表中选择【曲面】，弹出【曲面区域驱动方法】对话框，单击【指定驱动几何体】中的按钮 ，如图 2-24 所示，选择流道槽下侧面为驱动面；设置合适的【切削方向】和【材料反向】；展开【驱动设置】，在【步距】的下拉列表中选择【残余高度】，设置【最大残余高度】为 0.005，上述参数设置如图 2-25 所示。单击【确定】按钮完成【曲面区域驱动方法】的设置。

图 2-24　选择驱动面

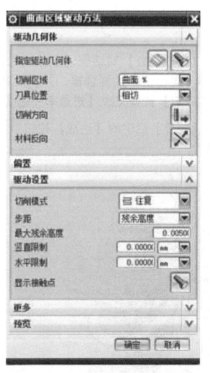

图 2-25　【曲面区域驱动方法】对话框

4）展开【投影矢量】对话框，在【矢量】的下拉列表中选择【朝向直线】，弹出【朝向直线】对话框，选择"圆柱凸轮轴的中心线"为朝向直线，单击【确定】按钮完成【朝向直线】的设置。

5）展开【刀轴】对话框，在【轴】的下拉列表中选择【远离直线】，弹出【远离直线】对话框，选择"圆柱凸轮轴的中心线"为远离直线，单击【确定】按钮完成【远离直线】的设置。

6）单击【刀轨设置】对话框【进给率和速度】中的按钮 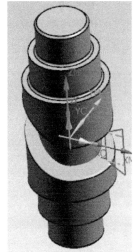，弹出【进给率和速度】对话框，选择【主轴速度】复选框，并在文本框中输入 5000，在【切削】文本框中输入 2000，单击【确定】按钮完成【进给率和速度】的设置。

7）单击【操作】栏中的【生成】按钮 ，生成凸轮流道槽下侧面的精加工刀轨，如图 2-26 所示。

图 2-26　凸轮流道槽下
侧面的精加工刀轨

（三）圆柱凸轮流道槽底面的精加工

1）单击【创建工序】按钮 ，弹出【创建工序】对话框，在【类型】的下拉列表中选择【mill_multi-ax-is】；在【工序子类型】中选择【可变轮廓铣】图标 ；在【位置】中，定义如下参数：

① 【程序】为 PROGRAM-1。

② 【刀具】为 T2B6。

③ 【几何体】为 MCS。

④ 【方法】为 MILL_FINISH。

单击【确定】按钮弹出【可变轮廓铣】对话框。

2）展开【几何体】对话框，默认【几何体】对话框设置。

3）展开【驱动方法】对话框，在【方法】的下拉列表中选择【曲面】，弹出【曲面区域驱动方法】对话框，单击【指定驱动几何体】中的按钮 ，如图 2-27 所示，选择流道槽底面为驱动面；设置合适的【切削方向】和【材料反向】；展开【驱动设置】，在【步距】的下拉列表中选择【残余高度】，设置【最大残余高度】为 0.005，上述参数设置如图 2-28 所示。单击【确定】按钮完成【曲面区域驱动方法】的设置。

4）展开【刀轴】对话框，在【轴】的下拉列表中选择【垂直于驱动体】，完成【刀轴】的设置。

5）单击【刀轨设置】对话框【进给率和速度】中的按钮 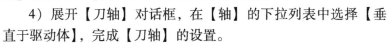，弹出【进给率和速度】对话框，选择【主轴速度】复选框，并在文本框中输入 5000，在【切削】文本框中输入 2000，单击【确定】按钮完成【进给率和速度】的设置。

图 2-27　选择驱动面

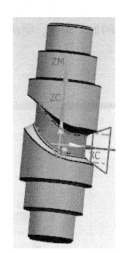

6）单击【操作】栏中的【生成】按钮 ，生成凸轮流道槽底面的精加工刀轨，如图 2-29 所示。

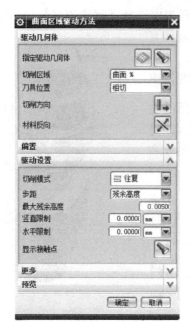

图 2-28 【曲面区域驱动方法】对话框

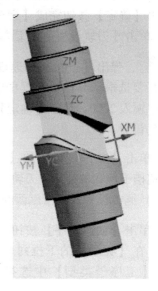

图 2-29 凸轮流道槽
底面的精加工刀轨

五、后处理

对已经编制完的刀轨文件右击，选择【后处理】命令，如图 2-30 所示。弹出【后处理】对话框，选择合适的【后处理器】，如图 2-31 所示。单击【确定】按钮，生成机床可执行的加工指令，完成圆柱凸轮的实物模型加工，加工后的圆柱凸轮实物如图 2-32 所示。

图 2-30 选择【后处理】命令

图 2-31 【后处理】对话框

图 2-32　圆柱凸轮实物

六、单元小结

本章以圆柱凸轮为例，讲解了曲面区域的可变轴曲面轮廓铣四轴加工方法，读者需要重点掌握四轴加工中刀轴和投影矢量设置方法，以及四轴产品加工的实际应用过程。

第3章

UG NX五轴加工技术

UG NX 软件除了提供强大的三轴加工、四轴加工模块外，还提供了比较成熟的五轴加工模块。三轴加工中，刀具同时做 X、Y、Z 三个方向的移动，且 Z 轴方向的移动总是保持与 XY 平面垂直。在五轴加工中，刀具总是垂直于加工曲面，因此，五轴加工相对于三轴加工具有很大的优越性，比如可扩大加工范围、减少装夹次数、提高加工效率和加工精度，可加工各种复杂曲面等。五轴加工技术主要用于飞机、模具、汽车等行业的特殊加工。

本章学习要点：

1）可变轴曲面轮廓铣削五轴加工功能。

2）刀轴控制方法。

3）五轴铣削典型的加工案例。

单元一　UG NX 五轴加工基础

通常，数控五轴联动机床有三个直线坐标轴和两个旋转轴（A、B 轴，或 B、C 轴，或 A、C 轴），并且五个坐标轴可以在计算机数控（CNC）系统的控制下同时协调运动，进行加工。UG NX 软件的 CAM 模块提供了较好的五轴加工工序方法，如可变轴曲面轮廓铣、顺序铣等。

学习目标

◎了解 UG NX 五轴加工模块。

◎了解 UG NX 可变轴曲面轮廓铣削五轴加工。

◎了解 3 + 2 轴的定位加工。

◎掌握刀轴控制方法。

一、UG NX 五轴加工简介

五轴加工（5 Axis Machining）是数控机床加工的一种模式。

根据 ISO 的规定，在描述数控机床的运动时，采用右手直角坐标系；其中平行于主轴的坐标轴定义为 Z 轴，绕 X、Y、Z 轴的旋转坐标轴分别为 A、B、C。各坐标轴的运动可由工作台，也可以由刀具的运动来实现，但方向均以刀具相对于工件的运动方向来定义。通常五轴联动是指 X、Y、Z、A、B、C 中任意 5 个坐标的线性插补运动。

换言之，五轴指 X、Y、Z 三个移动轴加任意两个旋转轴。相对于常见的三轴（X、Y、

Z 三个自由度）加工而言，五轴加工是指加工几何形状比较复杂的零件时，需要加工刀具能够在五个自由度上进行定位和连接。

五轴加工所采用的机床通常称为五轴机床或五轴加工中心。五轴加工常用于航天领域，加工具有自由曲面的机体零部件、涡轮机零部件和叶轮等。五轴机床可以不改变工件在机床上的位置而对工件的不同侧面进行加工，可大大提高棱柱形零件的加工效率。

（一）UG NX 五轴加工介绍

在 UG NX 软件中，五轴加工主要是指可变轴曲面轮廓铣。针对不同的复杂曲面，加工方法有很大的区别。UG NX 五轴加工主要通过控制刀轴矢量、投影方向和驱动方法来生成加工轨迹，加工的关键是通过控制刀轴矢量空间位置的不断变化，或使刀轴矢量与机床原始坐标系构成某个空间角度，从而利用铣刀的侧刃或底刃完成切削加工。五轴加工主要用于曲面轮廓半精加工或精加工，其加工区域由选择的表面轮廓组成，并且提供了多种驱动方法和走刀方式。因此五轴加工可以针对不同的部件轮廓曲面选择最佳的切削路径和切削方法，满足各种复杂型面的加工要求。

（二）UG NX 五轴加工流程

1）对一个零件进行加工必须要有一个模型，因此五轴加工的第一步是创建一个模型。

单击【新建】按钮，选择【模型】命令，单击【确定】按钮进入建模界面。建模完成之后才可以开始加工，单击【开始】按钮，单击【加工】命令【加工(N)...】，在【加工环境】对话框中，【CAM 会话配置】选择【cam_general】，【要创建的 CAM 设置】选择【mill_multi-axis】，如图 3-1 所示，单击【确定】按钮进入加工模式。

图 3-1 【加工环境】对话框

2）设置零件的坐标系、部件、毛坯、加工所需要的刀具等参数。单击【几何视图】按钮，把【工序导航器】切换到【几何】。双击【MCS_MILL】打开【MCS 铣削】对话框，【指定 MCS】设为"自动判断"，选择工件上表面为自动判断的面。在【安全设置选项】的下拉列表中选择【平面】，如图3-2 所示。选择工件上表面为基础平面，输入距离数值20，单击【确定】按钮完成坐标系设置。

3）设置部件。单击【MCS_MILL】前面的 + 号，双击【WORKPIECE】工件打开【工件】对话框，单击【指定部件】中的按钮，选择建模完成后的模型为部件；单击【指定毛坯】中的按钮，弹出【毛坯几何体】对话框，在【类型】的下拉列表中，选择【包容块】，单击【确定】按钮，如图 3-3 所示。再单击【确定】按钮完成部件与毛坯的设置。

4）设置刀具。单击【机床视图】按钮，把【工序导航器】切换到【机床】，单击

【插入】下拉菜单中的【刀具】命令，或者单击按钮 ，弹出【创建刀具】对话框。在【类型】的下拉列表中选择【mill_multi-axis】，【刀具子类型】选择与实际刀具对应的类型，第一个图标代表立铣刀，第三个图标代表球头铣刀，在【名称】文本框中输入与实际刀具对应的名称，如图3-4所示。单击【确定】按钮弹出【刀具参数】对话框，在【尺寸】下输入【直径】等数值，在【编号】下输入【刀具号】，如图3-5所示，单击【确定】按钮完成刀具设置。

图3-2 【MCS 铣削】对话框

图3-3 【毛坯几何体】对话框

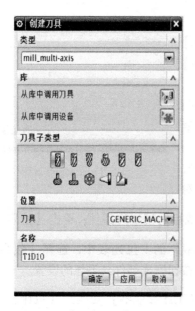

图3-4 【创建刀具】对话框

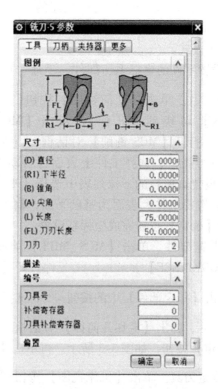

图3-5 【铣刀 –5 参数】对话框

5）完成了坐标系、部件、毛坯、加工所需要的刀具等参数的设置，即可进行编程加工。单击【插入】下拉菜单中的【方法】命令，或者单击按钮 ，弹出【创建工序】对话框，在五轴加工中，粗加工使用的【类型】为【mill_contour】，【工序子类型】选择第一个图标（型腔铣）；精加工使用的【类型】为【mill_multi-axis】，【工序子类型】选择第一个图标（可变轴轮廓铣）。【位置】选项中，【程序】选择【PROGRAM】；【刀具】选择刚才设置的刀具；【几何体】选择【WORKPIECE】；【方法】粗加工选择【MILL_ROUGH】，半精加工选择【MILL_SEMI_FINISH】，精加工选择【MILL_FINISH】，单击【确定】按钮完成设置，如图3-6所示。

6）在【切削参数】对话框中设置合适的每刀切深，转速和进给等参数，单击【确定】按钮完成设置。最后单击【生成】按钮生成五轴加工刀轨。

图3-6　【创建工序】对话框

二、UG NX 五轴加工父节点组

（一）程序父节点组的创建

程序组的作用是管理各种加工操作并排列各种操作的次序。在加工操作步骤较多的情况下，用程序组来管理操作程序会比较方便。例如，要对零件的所有操作（包括粗加工、半精加工、精加工等工序）进行后处理，只需对这些操作的父节点程序组进行后处理设置，便可以按各项操作在程序组中的排列次序依次完成后处理。在程序顺序视图中合理地组织各操作，便可在一次后处理中输出多个操作。

在【程序顺序视图】中，单击工具栏中的【创建程序】按钮 ，或在【操作导航器】的【对象】菜单中单击【插入】下拉菜单中的【程序组】命令，如图3-7所示，都会弹出如图3-8所示的【创建程序】对话框。

在【类型】的下拉列表中选择合适的模板零件类型（模板零件类型在建立加工环境时确定），在【位置】的下拉列表中选择新建程序组所属的父程序组，在【名称】文本框中输入新建程序组的名称，然后单击【确定】按钮即可在所选父程序组下完成指定名称程序组的创建，并显示在操作导航器的【程序顺序视图】中。

如果在创建程序组时没有指定对应的父节点组，则可以在【程序顺序视图】中用鼠标拖动新创建的程序组到目标父节点组下，以继承父节点组所有参数。该操作对其他视图同样有效，这也是 UG NX CAM 的特点之一。

如果零件包含的加工操作不多，并可以在同一机床上完成，也可以不创建程序组，而直接使用系统默认的程序组。

在首次进入加工环境时，系统会自动创建三个程序组：【NC_PROGRAM】、【不使用的项】和【PROGRAM】，其中【NC_PROGRAM】和【不使用的项】程序组是不可删除的；

【PROGRAM】和用户自己创建的程序组一样可以使用，也可以删除。

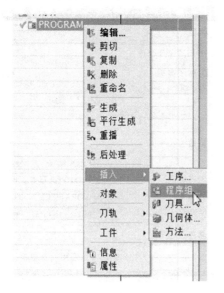

图 3-7　选择【程序组】命令　　　　　　　　图 3-8　【创建程序】对话框

（二）刀具父节点组的创建

在加工过程中，刀具是从毛坯上切除材料的工具。在创建操作时，必须创建刀具或从刀具库中选取刀具。在【插入】工具栏中单击【创建刀具】按钮 🔧，或在菜单栏中单击【插入】下拉菜单中的【刀具】命令，将弹出【创建刀具】对话框。不同的模板零件，对应不同的刀具创建对话框，在【创建刀具】对话框【类型】的下拉列表中选择模板零件后，对话框即变成对应的【创建刀具】对话框。图 3-9 所示为创建铣削操作时的【创建刀具】对话框；图 3-10 所示为创建孔操作时的【创建刀具】对话框；图 3-11 所示为创建车削操作时的【创建刀具】对话框；图 3-12 所示为创建线切割操作时的【创建刀具】对话框。在【创建刀具】对话框的【刀具子类型】中选择目标刀具图标即可创建相应的刀具。

（三）加工几何体父节点组的创建

创建加工几何体的主要目的是定义目标加工几何体对象（包括毛坯几何体、零件几何体、检查几何体、修整几何体等）和指定加工几何体在数控机床中的加工方位（加工坐标系 MCS）。加工几何体可以在创建操作之前定义，也可以在创建操作过程中分别指定。但在创建操作之前定义的加工几何体可以被多个操作使用，在创建操作过程中指定的加工几何只能被该操作使用。因此，如果该加工几何要被多个操作使用，应在创建操作之前定义，并作为创建操作的父节点。

单击【插入】工具栏中的【创建几何体】按钮 🔧，弹出【创建几何体】对话框，在【类型】的下拉列表中选择不同的模板零件，【创建几何体】对话框的内容将有所不同。图 3-13 所示为平面铣【mill_planar】对应的对话框；图 3-14 所示为型腔铣【mill_contour】对应的对话框；图 3-15 所示为孔加工【drill】对应的对话框；图 3-16 所示为车削加工【turning】对应的对话框。

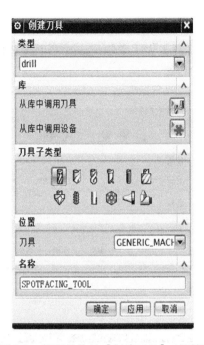

图 3-9 铣削操作的【创建刀具】对话框

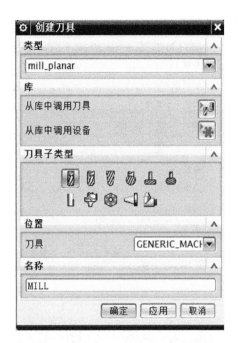

图 3-10 孔操作的【创建刀具】对话框

图 3-11 车削操作的【创建刀具】对话框

图 3-12 线切割的【创建刀具】对话框

1. 几何组中的参数继承关系

在创建加工几何时，选择的几何父级组确定了新建几何与存在几何组的参数继承关系。在【创建几何体】对话框中，【几何体】下拉列表中列出了所有当前加工【类型】可继承参数的几何父级组名称，选择某个几何组为父级组后，新建几何组将在所选几何父级组节点下，并继承父级组中所有参数。加工【类型】不同，所创建的几何对象也不同。

2. 加工坐标系

在 UG NX 软件 CAM 模块中，除了建模模块中所熟悉的绝对坐标系（ACS）和工作坐标系（WCS）外，还有两个加工模块中独有的坐标系，即加工坐标系（MCS）和参考坐标系（RCS）。

图 3-13　平面铣【创建几何体】对话框

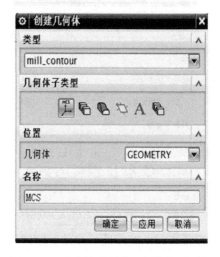

图 3-14　型腔铣【创建几何体】对话框

图 3-15　孔加工【创建几何体】对话框

图 3-16　车削【创建几何体】对话框

加工坐标系（MCS）的作用主要是定义加工几何体在数控机床中的加工方位。该坐标系的原点也常被称为"对刀点"，所有刀具路径都以此为坐标系基准。加工坐标系的三个坐标轴分别表示为 Xm、Ym、Zm。

图 3-17　几何视图

在系统进行初始化时，加工坐标系（MCS）定位在绝对坐标系（ACS）上，而不是工作坐标系（WCS）上，在初始化后的几何视图（图 3-17）中，可以看到系统默认创建的一个加工坐标系（MCS_MILL）和该坐标系节点下的零件（WORKPIECE）。可以定义该默认坐标系为当前零件的加工坐标系，也可以通过【创建几何体】对话框中【几何体子类型】中的【创建加工坐标系】子类型来创建新的加工坐标系。如果零件结构非常复杂，可以建立多个加工坐标系从不同的方位来加工零件。

3. 铣削几何体

铣削几何体用于定义加工时的零件几何体、毛坯几何体、检查几何体、铣削区域等，铣削几何体（MILL_GEOM）按钮 和工件（WORKPIECE）按钮 的功能相同，都是通过选择实体、面、线，或切削区域来定义铣削几何体的，即加工后的零件。在如图3-13所示的对话框中单击铣削几何按钮 ，可指定创建几何体的父级组和名称，单击【确定】按钮会弹出如图3-18所示的【工件】对话框。在【工件】对话框中，部件按钮 用于定义部件几何体（图3-19），毛坯按钮 用于定义毛坯几何体，检查按钮 用于定义检查几何体。此外，还可以定义部件的偏置厚度、材料和当前视图布局和图层的存储。

（1）部件几何体：在平面铣和型腔铣中，部件几何体表示零件加工后得到的形状；在固定轴铣和变轴铣中，部件几何体表示零件上要加工的轮廓表面。部件几何和边界共同定义切削区域，可以选择实体、片体、面、表面区域等作为部件几何体。【部件几何体】设置对话框如图3-19所示。

（2）毛坯几何体：毛坯几何体表示将要加工成零件的原材料。定义毛坯几何体的方法与定义部件几何体的方法相同。

（3）检查几何体：检查几何体表示在加工过程中刀具要避开的几何对象，可以指定为检查几何体的对象有零件侧壁、凸台、装夹零件的夹具等。定义检查几何体的方法也与定义部件几何体的方法相同。

图3-18 【工件】对话框

图3-19 【部件几何体】对话框

（四）加工方法父节点组的创建

在零件加工过程中，为了保证加工的精度，零件需经历粗加工、半精加工和精加工三个步骤。创建加工方法就是为粗加工、半精加工和精加工指定统一的加工公差、加工余量、进给量等参数。

在【导航器】工具栏中选择【加工方法视图】按钮，将导航器切换为"加工方法视图"。默认情况下，系统已经创建好四种加工方法：粗加工【MILL_ROUGH】、半精加工【MILL_SEMI_ FINISH】、精加工【MILL_FINISH】和钻孔【DRILL_METHOD】。在创建操作时，可以使用系统默认的这些加工方法，也可以重新创建符合要求的加工方法。在【加工

方法视图】中单击【插入】工具栏中的【创建方法】按钮，或在下拉菜单中单击【插入】下拉菜单中的【方法】命令，都会弹出如图 3-20 所示的【创建方法】对话框。

在【创建方法】对话框中，在【类型】的下拉列表中选择模板零件，在【位置】的下拉列表中为新创建的加工方法指定父节点，在【名称】文本框中输入新建加工方法的名称（如果不指定名称，系统会自动生成一个名称）。单击【确定】或【应用】按钮，弹出如图 3-21 所示的【铣削方法】对话框，用于指定加工方法的具体参数值。

图 3-20 【创建方法】对话框

图 3-21 【铣削方法】对话框

三、UG NX 五轴驱动方法

UG NX 常用的五轴驱动方法有曲线/点驱动、螺旋式驱动、边界驱动、曲面区域驱动、流线驱动、刀轨驱动、径向切削驱动等。

1. 曲线/点驱动

曲线/点驱动能根据给定曲线或点形成走刀路线，一般用于刻字、标记划线、加工流道槽等。单击【驱动方法】下面的【编辑】按钮 （图 3-22），弹出【曲线/点驱动方法】对话框，如图 3-23 所示。选择相应的曲线或点，单击【确定】按钮即可生成刀轨。

图 3-22 【驱动方法】对话框

2. 螺旋式驱动

螺旋式驱动需要指定部件，能保持单向的连续切削，避免机床急剧反向走刀，主要应用于高速切削，其他情况的应用较少。单击【编辑】按钮 会弹出【螺旋式驱动方法】对话框，如图 3-24 所示。指定某个点作为螺旋中心，输入【最大螺旋半径】和【步距】，单击

【确定】按钮即可生成刀轨。

　　3. 边界驱动

　　边界驱动需要指定部件，直接通过部件表面输出刀轨，复杂表面不需要做辅助驱动面，但是边界修剪受投影平面和投影矢量限制，很少使用。单击【编辑】按钮会弹出【边界驱动方法】对话框，如图 3-25 所示。在【驱动设置】中设置【步距】，单击【指定驱动几何体】按钮，会弹出【边界几何体】对话框，如图 3-26 所示。在【边界几何体】对话框中【模式】的下拉列表中选择【曲线/边】，会弹出如图 3-27 所示的【创建边界】对话框，设置【材料侧】（"外部"表示保留曲线外部的材料，加工曲线内部的材料；"内部"则相反）和【刀具位置】（"对中"表示刀具中心点与曲线相交，"相切"表示刀具外径与曲线相切），选择曲线或边，单击【确定】按钮即可生成刀轨。

图 3-23　【曲线/点驱动方法】对话框

图 3-24　【螺旋式驱动方法】对话框

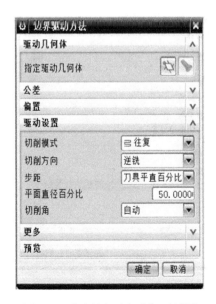

图 3-25　【边界驱动方法】对话框

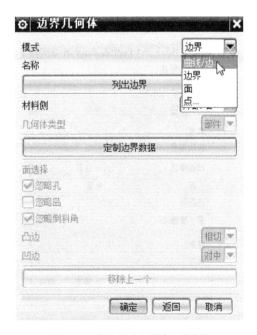

图 3-26　【边界几何体】对话框

4. 曲面区域驱动

曲面区域驱动可以不指定部件，通过指定曲面输出加工刀轨，曲面驱动拥有最多的刀轴控制方式，应用最广。曲面驱动对曲面的质量要求很高，要求多个曲面之间连续相切，并且要求各个曲面的 UV 网格一致，曲面的 UV 网格决定了走刀路线，曲面的质量决定了刀轨的质量。需要注意的是，如果选取曲面时弹出如图 3-28 所示的【不能构建栅格线】提示框，可以单击工具栏中【首选项】栏下的【选择】命令，或按快捷键〈Ctrl + Shift + T〉打开【选择首选项】对话框，在【成链】栏下的【公差】中输入数值 0.1 进行调试，如果仍无法构建则增大【公差】数值继续调试。

单击【编辑】按钮会弹出【曲面区域驱动方法】对话框，如图 3-29 所示。在【驱动设置】中设置【步距数】，单击【指定驱动几何体】按钮，会弹出【驱动几何体】对话框，如图 3-30 所示，选择目标对象，单击【确定】按钮即可生成刀轨。

图 3-27 【创建边界】对话框

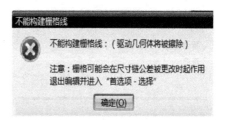

图 3-28 【不能构建栅格线】提示框

图 3-29 【曲面区域驱动方法】对话框

图 3-30 【驱动几何体】对话框

5．流线驱动

流线驱动可以不指定部件，通过指定流曲线与交叉曲线生成刀轨，对曲面的质量没有要求。单击【编辑】按钮 会弹出【流线驱动方法】对话框如图3-31所示。"流曲线"用于定义刀轨形状，"交叉曲线"用于定义刀轨边界（也可以不定义）。选择目标"流曲线"与"交叉曲线"，在【驱动设置】中设置【步距数】，单击【确定】按钮即可生成刀轨。

6．刀轨驱动

刀轨驱动选择已有的刀轨投影到部件上形成新的刀轨。单击【编辑】按钮 会弹出【指定 CLSF】对话框，选择已有的 CLSF 文件，单击【确定】按钮会弹出【刀轨驱动方法】对话框，如图3-32所示，单击【确定】按钮即可生成刀轨。

7．径向切削驱动

径向切削驱动以一条曲线的径向切削为刀轨。单击【编辑】按钮 会弹出【径向切削驱动方法】对话框，如图3-33所示。在【驱动设置】中设置【切削类型】、【步距】、【材料侧的条带】和【另一侧的条带】，单击【指定驱动几何体】按钮 会弹出【临时边界】对话框，如图3-34所示，选择目标曲线，单击【确定】按钮即可生成刀轨。

图 3-31　【流线驱动方法】对话框

图 3-32　【刀轨驱动方法】对话框

图 3-33　【径向切削驱动方法】对话框

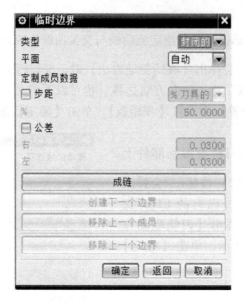

图 3-34 【临时边界】对话框

四、UG NX 投影矢量

投影矢量：是指某一方向，即驱动点朝向部件的方向。驱动点是驱动线或者驱动面上产生的点。

投影矢量有指定矢量、刀轴、远离点、朝向点、远离直线、朝向直线、垂直于驱动体（当驱动体为曲面、流线时候才有）朝向驱动体（当驱动体为曲面、流线时候才有）。

投影矢量中的远离与朝向的区别：

远离指加工刀轨会根据驱动刀轨附着在零件远离对象的近侧，即把驱动刀轨从远离对象方向投影到指定部件上。一般情况下，驱动刀轨在远离对象和指定部件中间，如图3-35 所示。

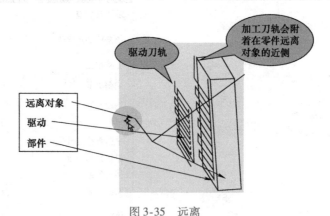

图 3-35 远离

朝向指加工刀轨会根据驱动刀轨附着在朝向对象的远侧，即把驱动刀轨从驱动体处往朝向对象方向投影到部件上来形成新的加工刀轨。一般情况下，指定部件在朝向对象和驱动刀轨中间，如图 3-36 所示。

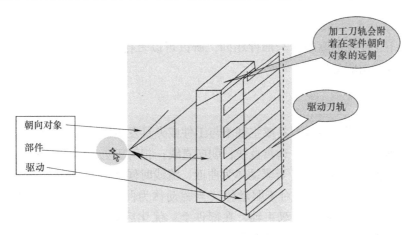

图 3-36 朝向

1. 指定矢量

指定矢量是指驱动刀轨沿指定的矢量方向投影到部件上。在【指定矢量】中单击【矢量】按钮 ，弹出如图 3-37 所示的【矢量】对话框，选择合适的【类型】，然后选择【要定义矢量的对象】，单击【确定】按钮即可。

2. 远离点、朝向点

远离点、朝向点是指驱动刀轨以"远离点"或"朝向点"的方向附着到指定部件上。单击【指定点】中的【点】按钮 ，弹出如图 3-38 所示的【点】对话框，选择合适的【类型】，选择【点位置】，单击【确定】按钮即可。

图 3-37 【矢量】对话框

图 3-38 【点】对话框

3. 远离直线、朝向直线

远离直线、朝向直线是指驱动刀轨以"远离直线"或"朝向直线"的方向附着到指定部件上。

单击【编辑】按钮 ，弹出如图 3-39 所示的【远离（朝向）直线】对话框，选择目标直线，也可以根据【指定矢量】和【指定点】来确定所需直线，单击【确定】按钮即可。

图 3-39 【远离（朝向）直线】对话框

4. 垂直于驱动体与朝向驱动体

一般情况下，使用的驱动体与部件相同，所以可以直接在【矢量】的下拉列表中选择垂直于驱动体或朝向驱动体。

五、UG NX 刀轴控制

刀轴控制：控制刀轴使得刀具或主轴不与工件或夹具发生碰撞，在五轴加工中常用刀轴的控制方法有远离点；朝向点；远离直线；朝向直线；相对于矢量；垂直于部件；相对于部件；插补矢量；垂直于驱动体（当驱动体为曲面、流线时候才有）；侧刃于驱动体（当驱动体为曲面、流线时候才有）；相对于驱动体（当驱动体为曲面、流线时候才有）；4 轴，垂直于部件；4 轴，相对于部件；双 4 轴，在部件上；优化后驱动；4 轴，垂直于驱动体；4 轴，相对于驱动体；双 4 轴，在驱动体上；与驱动轨迹相同。

刀轴控制中的远离与朝向：

远离：使刀具、部件和远离对象成一条直线，部件在刀具与远离对象的中间。

朝向：使刀具、部件和远离对象成一条直线，刀具在部件与朝向对象的中间。

1. 远离点、朝向点

该方式定义刀轴保持"远离点"或者"朝向点"的方向，如图 3-40 和图 3-41 所示。单击【刀轴】栏下【指定点】中的【点】按钮，弹出【点】对话框（图 3-38），选择合适的【类型】和【点位置】，单击【确定】按钮即可。

图 3-40 "远离点"刀轴

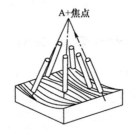

图 3-41 "朝向点"刀轴

2. 远离直线、朝向直线

该方式定义刀轴保持"远离直线"或者"朝向直线"的方向，如图 3-42 和图 3-43 所示。单击【编辑】按钮，弹出【远离（朝向）直线】对话框（图 3-39），选择目标直线，也可以根据【指定矢量】和【指定点】来确定所需直线，单击【确定】按钮即可。

3. 相对于矢量

该方式先指定一个矢量，定义刀轴始终相对于该矢量形成前倾角和侧倾角，如图 3-44 所示。单击【编辑】按钮，弹出如图 3-45 所示的【相对于矢量】对话框，在【指定矢量】中单击【矢量】按钮，弹出【矢量】对话框（图 3-37），选择合适的【类型】，然后选择【要定义矢量的对象】，单击【确定】按钮。最后在【相对于矢量】对话框中输入合适的【前倾角】如【侧倾角】，单击【确定】按钮。

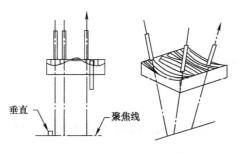

图 3-42　"远离直线"刀轴

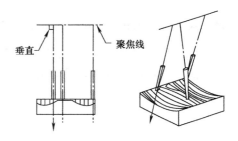

图 3-43　"朝向直线"刀轴

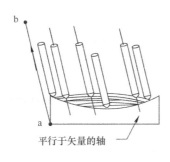

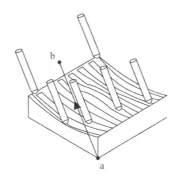

图 3-44　"相对于矢量"刀轴

图 3-45　【相对于矢量】对话框

4. 垂直于部件

该方式定义刀轴始终与部件保持垂直，如图 3-46 所示。在【刀轴】的下拉列表中直接选择【垂直于部件】即可。

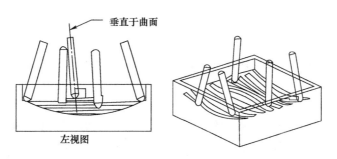

图 3-46　"垂直于部件"刀轴

5. 相对于部件

该方式定义刀轴相对于部件形成前倾角和侧倾角，如图 3-47 所示。单击【编辑】按钮 🔧 ，弹出如图 3-48 所示的【相对于部件】对话框，设置合适的【前倾角】和【侧倾角】，或设置合适的【最小前倾角】、【最大前倾角】、【最小侧倾角】、【最大侧倾角】，单击【确定】按钮即可。

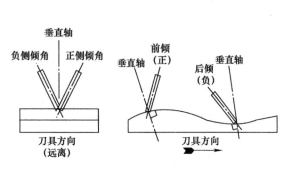

图 3-47 "相对于部件"刀轴

图 3-48 【相对于部件】对话框

6. 插补矢量

该方式定义插补刀轴矢量，可以改变原有矢量的方向，或添加新的矢量，如图 3-49 所示。单击【编辑】按钮 🔧 ，弹出如图 3-50 所示的【插补矢量】对话框，可以改变原有矢量的方向或添加新的矢量，设置合适的【插值方法】，单击【确定】按钮即可。

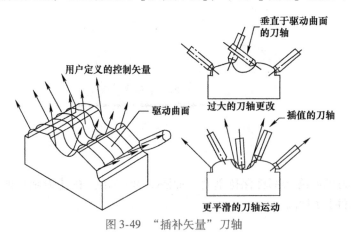

图 3-49 "插补矢量"刀轴

7. 垂直于驱动体

该方式定义刀轴始终与驱动体保持垂直，如图 3-51 所示。在【刀轴】的下拉列表中直接选择【垂直于驱动体】即可。

8. 侧刃于驱动体

该方式定义刀具侧刃始终与驱动体相切，如图 3-52 所示。在【刀轴】的下拉列表中直接选择【侧刃于驱动体】，单击【指定侧刃方向】按钮 ↦ ，指定合适的【侧刃方向】，选择合适的【划线类型】，输入合适的【前倾角】，单击【确定】按钮即可。

9. 相对于驱动体

该方式定义刀轴相对于驱动体形成前倾角和侧倾角，如图3-53所示，可设置合适的【前倾角】和【侧倾角】，单击【确定】按钮即可。

10. 4轴，垂直于部件

该方式定义使用"4轴旋转角度"的刀轴，如图3-54所示。4轴方向使刀具绕着所定义的旋转轴旋转，同时始终保持刀具和旋转轴垂直。旋转角度使"刀轴"相对于"部件表面"的另一垂直轴向前或向后倾斜。"4轴旋转角"始终向垂直轴的同一侧倾斜，它与刀具运动方向无关。

11. 4轴，相对于部件

该方式与"4轴，垂直于部件"基本相同，如图3-54所示。但是，还可以定义一个"前倾角"和一个"侧倾角"。由于这是4轴加工方法，"侧倾角"通常保留为其默认值零度。

图3-50 【插补矢量】对话框

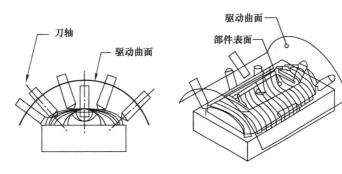

图3-51 "垂直于驱动体"刀轴

12. 双4轴，在部件上

该工作方式与"4轴，相对于部件"的工作方式基本相同。与"4轴，相对于部件"类似，应指定一个"4轴旋转角"、一个"前倾角"和一个"侧倾角"。4轴旋转角将有效地绕一个轴旋转部件，这如同部件在带有单个旋转台的机床上旋转。但在"双4轴"中，可以分别为"单向运动"和"回转运动"定义这些参数。"双4轴，在部件上"仅在使用"往复"切削类型时可用。"旋转轴"定义了单向和回转平面，刀具将在这两个平面间运动，如图3-55所示。

13. 优化后驱动

该方法使刀具前倾角与驱动几何体曲率匹配。在凸起部分，系统保持小的前倾角，以便移除更多材料。在下凹区域中，系统自动增加前倾角以防止切削刃过切驱动几何体，并使前

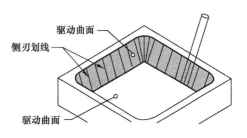

图3-52 "侧刃于驱动体"刀轴

倾角足够小以防止刀前端过切驱动几何体，如图 3-56 所示。

14. 4 轴，垂直于驱动体

该方式定义使用 4 轴旋转角度的刀轴。该旋转角将有效地绕一个轴旋转部件，这如同部件在带有单个旋转台的机床上旋转。4 轴方向将使刀具在垂直于所定义旋转轴的平面内运动。

旋转角度使刀轴相对于"驱动曲面"的另一垂直轴向前倾斜。与"前倾角"不同，4 轴旋转角始终向垂直轴的同一侧倾斜，它与刀具运动方向无关。

图 3-53 【前倾角】和【侧倾角】设置

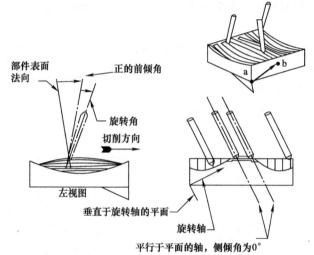

图 3-54 "4 轴，垂直于部件"刀轴

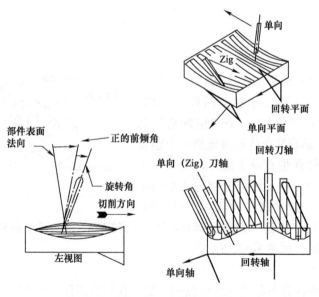

图 3-55 "双 4 轴，在部件上"刀轴

同样，此选项的工作方式与"4轴，垂直于部件"相同。但是，刀具仍保持与"驱动曲面"垂直，而不是与"部件表面"垂直。由于此选项需要用到一个"驱动曲面"，因此它只在使用了"曲面区域驱动方法"后才可用。

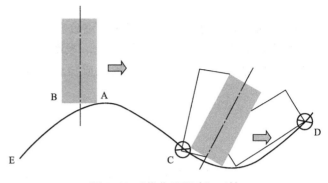

图3-56 "优化后驱动"刀轴

15. 4轴，相对于驱动体

该方式可以指定刀轴，以使用4轴旋转角。该旋转角将有效地绕一个轴旋转部件，这如同部件在带有单个旋转台的机床上旋转。与"4轴，垂直于驱动体"不同的是，它还可以定义"前倾角"和"侧倾角"。

"前倾角"定义了刀具沿"刀轨"前倾或后倾的角度。正的"前倾角"的角度值表示刀具相对于"刀轨"方向向前倾斜；负的"前倾角"的角度值表示刀具相对于"刀轨"方向向后倾斜。"前倾角"是从"4轴旋转角"开始测量的。

"侧倾角"定义了刀具从一侧到另一侧的角度。正值将使刀具向右倾斜（按照观察的切削方向）；负值将使刀具向左倾斜。

此选项的交互工作方式与"4轴，相对于部件"相同。但是，"前倾角"和"侧倾角"的参考曲面是"驱动曲面"而非"部件表面"。由于此选项需要用到一个"驱动曲面"，因此它只在使用了"曲面区域驱动方法"后才可用。

16. 双4轴，在驱动体上

该方式与"双4轴，在部件上"的工作方式完全相同。二者唯一的区别是，"双4轴，在驱动体上"参考的是驱动曲面几何体，而不是部件表面几何体。由于此选项需要用到一个"驱动曲面"，因此它只在使用了"曲面区域驱动方法"后才可用。

17. 与驱动轨迹相同

该方式可以从已有的操作中复制"刀轴"。此选项只能与"刀轨驱动方法"一同使用。"刀轨驱动方法"使用已有操作中的"刀轨"来定义当前操作中的"驱动点"。"驱动点"被投影到选定的"部件表面"。"与驱动轨迹相同"将保留在原始操作中使用的相同的"刀轴"，如图3-57所示。

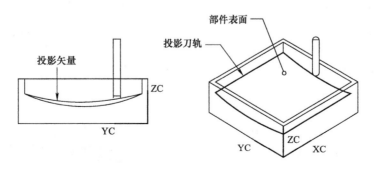

图3-57 "与驱动轨迹相同"刀轴

六、单元小结

本单元对 UG NX 五轴加工技术做了细致介绍，首先介绍了 UG NX 父节点组的相关知识，然后重点讲解了五轴加工的驱动方法、投影矢量、刀轴控制方法，及其相关参数的含义和设置，正确理解参数的含义与设置是成功进行五轴加工的前提，在学习过程中需仔细体会。

单元二   风罩五轴加工编程

本单元以风罩零件加工编程为案例，讲解 UG NX 软件五轴加工编程。在这个过程中，学会并理解 UG NX 软件的各种多轴高级加工的方法和应用，可以按照熟悉的方法和工艺生成刀轨，重点介绍五轴曲线驱动方法以及相应参数的设置。在风罩零件的加工案例中将用到型腔铣、固定轮廓铣、可变轮廓铣，驱动方法会用到区域铣削驱动、曲线/点驱动，刀轴控制会用到远离点。

学习目标

◎了解风罩零件的加工工艺。
◎掌握加工驱动几何体的创建。
◎掌握五轴曲线驱动方法。
◎掌握刀轴的控制方法。
◎熟悉 UG NX 软件五轴编程的步骤。

一、工作任务分析

图 3-58 所示为风罩零件，该零件的毛坯高 40mm、直径 100mm，材料为铸铁，风罩零件有一个凹腔、一个半球面、4 个孔和 12 个曲线通槽。

根据零件的特点，按照加工工艺的安排原则，主要工序安排如下：

1）风罩内部粗、精加工：采用型腔铣进行凹腔粗、精加工，刀具采用 $\Phi10mm$ 的平底立铣刀和 $\Phi6R3mm$ 的球头铣刀。

2）风罩外部粗、精加工：采用型腔铣进行半球面粗、精加工，刀具采用 $\Phi10mm$ 的平底立铣刀和 $\Phi6R3mm$ 的球头铣刀。

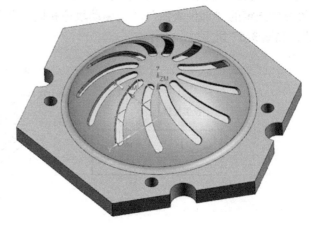

图 3-58   风罩零件

3）通槽加工：采用可变轴曲面轮廓铣，以及曲线驱动方式加工曲线通槽，刀具采用 Φ4mm 的键槽铣刀。

风罩的加工工艺见表3-1。

表3-1　风罩的加工工艺

序号	加工工步	加工策略	加工刀具	公差/mm	余量/mm
1	风罩内腔粗加工	型腔铣	立铣刀 T1D10	0.01	0.5
2	风罩内腔精加工	固定轮廓铣	球头铣刀 T3B6	0.01	0
3	风罩外部球面粗加工	型腔铣	立铣刀 T1D10	0.01	0.5
4	风罩外部球面精加工	固定轮廓铣	球头铣刀 T3B6	0.01	0
5	风罩通槽加工	可变轮廓铣	键槽铣刀 T2D4	0.01	0

二、加工环境设置

1）双击桌面快捷方式图标 ，打开 UG NX 8.5 软件。在 UG NX 8.5 软件中单击【打开】按钮，或在【文件】的下拉菜单中单击【打开】命令，弹出【打开】对话框。选择"1fengzhao.prt"文件（该文件包含于本书随赠的素材资源包中），单击【OK】按钮或单击鼠标中键，打开该文件，自动进入建模模块。

2）单击【开始】按钮，单击【加工】命令 加工(N)...，弹出【加工环境】对话框，如图3-59所示。在【CAM会话配置】中选择【cam_general】，在【要创建的CAM设置】中选择【mill_multi-axis】，然后单击【确定】按钮，进入加工模块。

3）单击【几何视图】按钮，把【工序导航器】切换到【几何】。双击【MCS_MILL】

图3-59　【加工环境】对话框

MCS_MILL 打开【MCS】对话框，将【指定MCS】设为"自动判断"，按〈Ctrl + Shift + B〉键显示毛坯，选择毛坯下表面为自动判断的面。在【安全设置选项】的下拉列表中选择【平面】，选择毛坯下表面为基础平面，输入距离数值20，如图3-60所示，单击【确定】按钮完成加工坐标系和安全平面的设置。

4）单击【MCS_MILL】前面的 + 号，双击【WORKPIECE】 WORKPIECE 打开【工件】对话框，按〈Ctrl + Shift + B〉键显示部件，单击【指定部件】中的按钮，弹出【部件几何体】对话框，选择建模完成后的模型为部件，如图3-61所示，单击【确定】按钮完成设置。

5）按〈Ctrl + Shift + B〉键显示毛坯，单击【指定毛坯】中的按钮，弹出【毛坯几

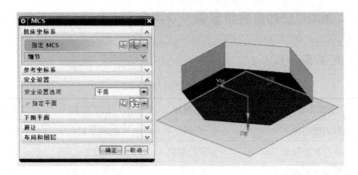

图 3-60　MCS 坐标系设置

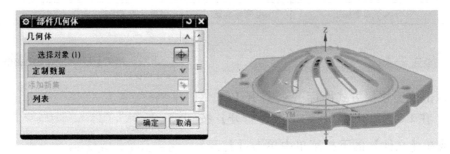

图 3-61　选择部件几何体

何体】对话框，在【类型】的下拉列表中选择【几何体】，选择创建好的毛坯，如图 3-62 所示。单击【确定】按钮返回【工件】对话框，单击【确定】按钮完成部件与毛坯的设置，按〈Ctrl + Shift + B〉键显示部件。

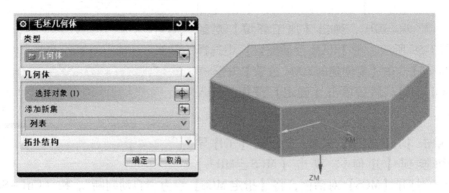

图 3-62　选择毛坯几何体

6）单击【机床视图】按钮 ，把【工序导航器】切换到【机床】，单击【插入】下拉菜单中的【刀具】命令，或者单击按钮 ，弹出【创建刀具】对话框。在【类型】的下拉列表中选择【mill_multi-axis】，【刀具子类型】选择第一个图标，在【名称】文本框中输入 T1D10，如图 3-63 所示，单击【应用】及【确定】按钮完成设置。弹出【铣刀 – 5 参数】对话框，在【直径】处输入数值 10，在【刀具号】处输入数值 1，如图 3-64 所示，单击【确定】按钮完成参数设置。

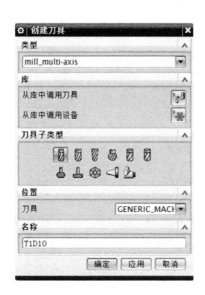

图 3-63 【创建刀具】对话框

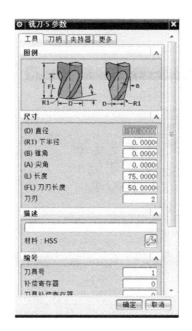

图 3-64 【铣刀－5 参数】对话框

根据上述步骤再创建一把 T2D4 键槽铣刀（【刀具子类型】选择第一个图标，【名称】文本框中输入 T2D4，【直径】文本框中输入 4，【刀具号】文本框中输入 2）。

最后创建一把 T3B6 球头铣刀（【刀具子类型】选择第三个图标，【名称】文本框中输入 T3B6，【直径】文本框中输入 6，【刀具号】文本框中输入 3）。

至此，加工前的准备工作已完成，接下来进入编程加工模块。

三、风罩内腔粗、精加工

1. 风罩内腔粗加工

1）单击【插入】下拉菜单中的【工序】命令，或者单击按钮 ，弹出【创建工序】对话框。在【类型】的下拉列表中选择【mill_contour】；【工序子类型】选择第一个图标（型腔铣）；在【位置】中，【程序】选择【PROGRAM】，【刀具】选择【T1D10】，【几何体】选择【WORKPIECE】，【方法】选择【MILL_ROUGH】，如图 3-65 所示，单击【应用】及【确定】按钮完成设置。

2）弹出【型腔铣】对话框，在【刀轨设置】中，【切削模式】选择【跟随周边】，【平面直径百分比】文本框中输入 80，【最大距离】文本框中输入 1，如图 3-66 所示。

3）单击【非切削移动】按钮 ，弹出【非切削移动】对话框，在【斜坡角】文本框中输入 2，如图 3-67 所示，单击【确定】按钮完成设置。

4）单击【进给率和速度】按钮 ，弹出【进给率和速度】对话框，选择【主轴速度】复选框，并在文本框中输入 5000，在【切削】文本框中输入 1000，如图 3-68 所示，单击【确定】按钮完成设置。

图 3-65 【创建工序】对话框

图 3-66 【型腔铣】对话框

图 3-67 【非切削移动】对话框

图 3-68 【进给率和速度】对话框

5）单击【操作】栏中的【生成】按钮 ，生成风罩内腔粗加工刀轨，如图 3-69 所示。

2. 风罩内腔精加工

1）单击【插入】下拉菜单中的【工序】命令，或者单击按钮 ，弹出【创建工序】对话框，在【类型】的下拉列表中选择【mill_contour】；【工序子类型】选择第七个图标（固定轮廓铣）；在【位置】中，【程序】选择【PROGRAM】，【刀具】选择【T3B6】，【几何体】选择【WORKPIECE】，【方法】选择【MILL_FINISH】，如图 3-70 所示，单击【应

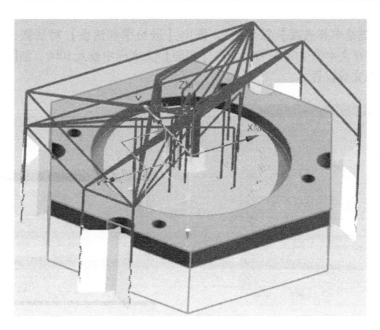

图 3-69　风罩内腔粗加工刀轨

用】及【确定】按钮完成设置。

2）弹出【固定轮廓铣】对话框，单击【指定切削区域】中的按钮，弹出【切削区域】对话框，选择如图 3-71 所示的区域为切削区域，单击【确定】按钮完成设置。

图 3-70　【创建工序】对话框

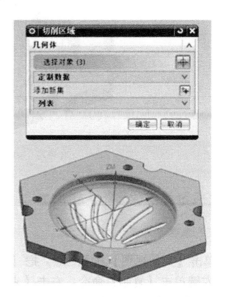

图 3-71　选择切削区域

3）在【驱动方法】中选择【区域铣削】，单击【编辑】按钮，弹出【区域铣削驱动方法】对话框，【切削模式】选择【跟随周边】，【步距】选择【残余高度】，在【最大残余高度】文本框中输入 0.005，如图 3-72 所示，单击【确定】按钮完成设置。

4）单击【进给率和速度】按钮 ，弹出【进给率和速度】对话框，选择【主轴速度】复选框，并在文本框中输入5000，在【切削】文本框中输入1000，如图3-73所示，单击【确定】按钮完成设置。

图3-72 【区域铣削驱动方法】对话框

图3-73 【进给率和速度】对话框

5）单击【操作】栏中的【生成】按钮 ，生成风罩内腔精加工刀轨，如图3-74所示。

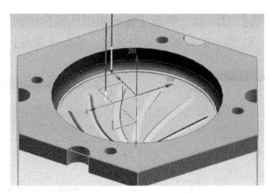

图3-74 风罩内腔精加工刀轨

四、风罩外部球面粗、精加工

1. 加工坐标系设置

1）单击【几何视图】按钮 ，把【工序导航器】切换到【几何】。右击【MCS_MILL】，左键单击【复制】命令；右击【未用项】，左键单击【粘贴】命令，此时新增一个加工坐标系【MCS_MILL_COPY】。

2）双击【MCS_MILL_COPY】打开【MCS】对话框，将【指定MCS】设为"自动判断"，按〈Ctrl+Shift+B〉键显示毛坯，选择毛坯上表面为自动判断的面。

3）在【安全设置选项】的下拉列表中选择【平面】，选择毛坯上表面为基础平面，输入距离数值20，如图3-75所示，单击【确定】按钮完成第二个加工坐标系设置，按〈Ctrl

+ Shift + B〉键显示部件。

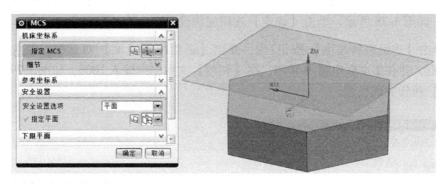

图 3-75 MCS 坐标系设置

4）单击【MCS_MILL_COPY】前面的 + 号，再单击【WORKPIECE_COPY】前面的 + 号，此时会发现原有的程序也被复制过来了，右键单击【删除】命令即可。

2. 风罩外部球面粗加工

1）单击【插入】下拉菜单中的【工序】命令，或者单击按钮 ，弹出【创建工序】对话框，在【类型】的下拉列表中选择【mill_contour】；【工序子类型】选择第一个图标（型腔铣）；在【位置】中，【程序】选择【PROGRAM】，【刀具】选择【T1D10】，【几何体】选择【WORKPIECE_COPY】，【方法】选择【MILL_ROUGH】，如图 3-76 所示，单击【应用】及【确定】按钮完成设置。

2）弹出【型腔铣】对话框，在【刀轨设置】中，【切削模式】选择【跟随周边】，【平面直径百分比】文本框中输入 80，【最大距离】文本框中输入 1，如图 3-77 所示。

图 3-76 【创建工序】对话框

图 3-77 【型腔铣】对话框

3）单击【非切削移动】按钮 ，弹出【非切削移动】对话框，在【斜坡角】文本框中输入2，如图3-78所示，单击【确定】按钮完成设置。

4）单击【进给率和速度】按钮 ，弹出【进给率和速度】对话框，勾选【主轴速度】复选框，并在文本框中输入5000，在【切削】文本框中输入1000，如图3-79所示，单击【确定】按钮完成设置。

图3-78 【非切削移动】对话框

图3-79 【进给率和速度】对话框

5）单击【操作】栏中的【生成】按钮 ，生成风罩外部球面粗加工刀轨，如图3-80所示。

3. 风罩外部球面精加工

1）单击【插入】下拉菜单中的【工序】命令，或者单击按钮 ，弹出【创建工序】对话框，在【类型】的下拉列表中选择【mill_contour】；【工序子类型】选择第七个图标（固定轮廓铣）；在【位置】中，【程序】选择【PROGRAM】，【刀具】选择【T3B6】，【几何体】选择【WORKPIECE_COPY】，【方法】选择【MILL_FINISH】，如图3-81所示，单击【应用】及【确定】按钮完成设置。

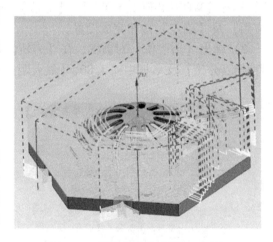

图3-80 风罩外部球面粗加工刀轨

2）弹出【固定轮廓铣】对话框，单击【指定切削区域】中的按钮 ，弹出【切削区域】对话框，选择如图3-82所示的区域为切削区域，单击【确定】按钮完成设置。

3）在【驱动方法】中选择【区域铣削】，单击【编辑】按钮 ，弹出【区域铣削驱动方法】对话框，【切削模式】选择【跟随周边】，【步距】选择【残余高度】，在【最大残余高度】文本框中输入0.005，如图3-83所示，单击【确定】按钮完成设置。

4）单击【进给率和速度】按钮 ，弹出【进给率和速度】对话框，选择【主轴速度】复选框，并在文本框中输入5000，在【切削】文本框中输入1000，如图3-84所示，单击【确定】按钮完成设置。

图3-81 【创建工序】对话框

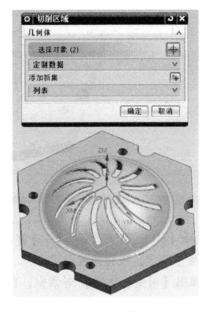

图3-82 选择切削区域

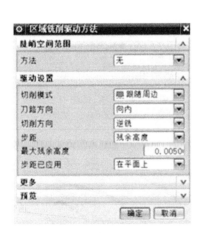

图3-83 【区域铣削驱动方法】对话框

图3-84 【进给率和速度】对话框

5）单击【操作】栏中的【生成】按钮 ，生成风罩外部球面精加工刀轨，如图3-85所示。

五、风罩通槽加工

1）单击【插入】下拉菜单中的【工序】命令，或者单击按钮 ，弹出【创建工序】对话框。在【类型】的下拉列表中选择【mill_multi-axis】；【工序子类型】选择第一个图标（可变轮廓铣）；在【位置】中，【程序】选择【PROGRAM】，【刀具】选择【T2D4】，【几

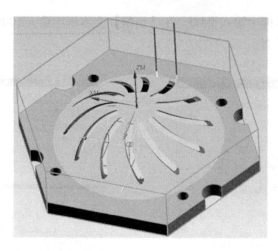

图 3-85　风罩外部球面精加工刀轨

何体】选择【MCS_MILL_COPY】,【方法】选择【MILL_FINISH】,如图 3-86 所示,单击【应用】及【确定】按钮完成设置。

　　2)弹出【可变轮廓铣】对话框,在【驱动方法】中选择【曲线/点】,单击【编辑】按钮，弹出【曲线/点驱动方法】对话框,选择【选择曲线】栏,点击如图 3-87 所示的曲线,单击【确定】按钮完成设置。

图 3-86　【创建工序】对话框

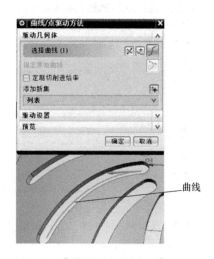

曲线

图 3-87　【曲线/点驱动方法】对话框

　　3)在【刀轴】栏目下【轴】的下拉列表中选择【远离点】,拾取已有的点为【远离点】,如图 3-88 所示。

　　4)单击【进给率和速度】按钮，弹出【进给率和速度】对话框,选择【主轴速度】复选框,并在文本框中输入 5000,在【切削】文本框中输入 1000,如图 3-89 所示,单击【确定】按钮完成设置。

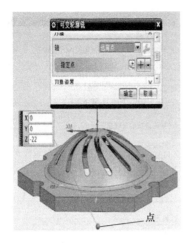

图 3-88　选择远离点

图 3-89　【进给率和速度】对话框

5）单击【操作】栏中的【生成】按钮 ，生产风罩一条通槽的加工刀轨。

6）对已经生成的程序【VARIABLE_CONTOUR】右击，单击【对象】及【变换】命令，如图 3-90 所示。弹出【变换】对话框，【类型】选择【绕点旋转】；【指定枢轴点】选择"圆心点"，在【角度】文本框中输入 30；【结果】选择【复制】单选框，在【非关联副本数】文本框中输入 11，如图 3-91 所示。单击【确定】按钮，生成风罩 12 条通槽加工刀轨，如图 3-92 所示。

图 3-90　【对象】及【变换】命令

图 3-91　【变换】对话框

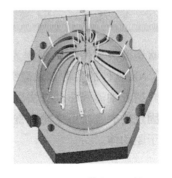

图 3-92　通槽加工刀轨

六、后处理

对已经生成的刀轨文件右击，单击【后处理】命令，如图 3-93 所示。弹出【后处理】对话框，选择合适的【后处理器】，如图 3-94 所示。单击【确定】按钮即可生成数控加工代码。

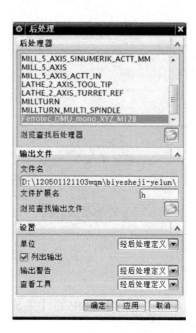

图 3-93 选择【后处理】命令　　　　　图 3-94 【后处理】对话框

七、单元小结

风罩零件相对比较简单,内腔使用三轴系统就能加工完毕;外部球面也可以只使用三轴系统完成加工;加工通槽的时候刀具始终与球面保持垂直,此时需要用到五轴加工,这是风罩零件加工的难点,也是重点。另外,风罩零件分正、反两面加工,因此要设置两个加工坐标系。正确理解曲线驱动参数设置的含义是成功进行五轴加工的前提,学习的时候需仔细体会。

单元三　吹塑模具零件五轴加工编程

本单元以吹塑模具零件加工编程为案例,讲解 UG NX 软件五轴编程。在这个过程中,学会并理解 UG NX 软件的各种多轴高级加工的方法和应用,可以按照熟悉的方法和工艺生成刀轨,重点介绍五轴流线驱动方法以及相应参数的设置。在吹塑模具零件的加工案例中将用到型腔铣、固定轮廓铣、可变轮廓铣,驱动方法会用到区域铣削驱动、流线驱动,刀轴控制会用到垂直于驱动体。

学习目标

◎了解吹塑模具零件的加工工艺。
◎掌握加工驱动几何体的创建。
◎掌握五轴流线驱动方法。
◎掌握刀轴的控制方法。
◎熟悉 UG NX 软件五轴编程的步骤。

一、工作任务分析

图 3-95 所示为吹塑模具零件，该零件的毛坯长 120mm、宽 80mm、高 60mm，材料为 45 钢，有一个流线型瓶身。该模具为吹塑模具，对吹塑部分的表面精度要求较高，以保证后期的吹塑产品能达到合格要求。

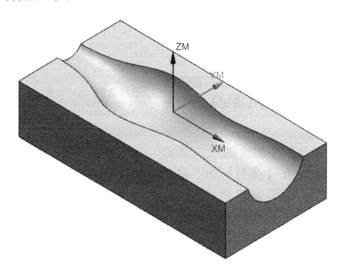

图 3-95　吹塑模具零件

吹塑模具零件的加工工艺见表 3-2。

表 3-2　吹塑模具零件的加工工艺

序号	加工工步	加工策略	加工刀具	公差/mm	余量/mm
1	吹塑模具零件粗加工	型腔铣	立铣刀 T1D10	0.01	0.5
2	吹塑模具零件半精加工	固定轮廓铣	球头铣刀 T2B6	0.01	0.1
3	吹塑模具零件精加工	可变轮廓铣	球头铣刀 T3B4R2	0.01	0

二、加工环境设置

1）双击桌面快捷方式图标 ，打开 UG NX 8.5 软件。在 UG NX 8.5 软件中单击【打开】按钮 ，或在【文件】的下拉菜单中单击【打开】命令，弹出【打开】对话框。选择 "2chuisu. prt" 文件（该文件包含于本书随赠的素材资源包中），单击【OK】按钮或单击鼠标中键，打开该文件，自动进入建模模块。

2）单击【开始】按钮 开始，单击【加工】命令 加工(N)...，弹出【加工环境】对话框，如图 3-96 所示。在【CAM 会话配置】中选择【cam_general】，在【要创建的 CAM 设置】中选择【mill_multi-axis】，然后单击【确定】按钮进入加工模块。

3）单击【几何视图】按钮 ，把【工序导航器】切换到【几何】。双击【MCS_

MILL】⊕ MCS_MILL 打开【MCS 铣削】对话框，单击【指定 MCS】下拉列表，选择

【CSYS】按钮 ；【安全设置选项】选择【平面】，选择毛坯上表面为基础平面，输入距离数值 20，如图 3-97 所示，单击【确定】按钮完成加工坐标系和安全平面的设置。

4）单击【MCS_MILL】前面的 + 号，双击【WORKPIECE】 WORKPIECE 打开【工件】对话框，单击【指定部件】中的按钮 ，弹出【部件几何体】对话框，选择建模完成后的模型为部件，如图 3-98 所示，单击【确定】按钮完成设置。

5）单击【指定毛坯】中的按钮 ，弹出【毛坯几何体】对话框，在【类型】的下拉列列表中选择【包容块】，如图 3-99 所示。单击【确定】按钮返回【工件】对话框，单击【确定】按钮完成部件与毛坯的设置。

6）单击【机床视图】按钮 ，把【工序导航器】切换到【机床】，单击【插入】下拉菜单中的【刀具】命令，或者单击按钮 ，弹

图 3-96 【加工环境】对话框

出【创建刀具】对话框。在【类型】的下拉列表中选择【mill_multi – axis】，【刀具子类型】选择第一个图标，在【名称】文本框中输入 T1D10，如图 3-100 所示。单击【应用】及【确定】按钮弹出【铣刀 – 5 参数】对话框，在【直径】处输入数值 10，在【刀具号】处输入数值 1，如图 3-101 所示，单击【确定】按钮完成设置。

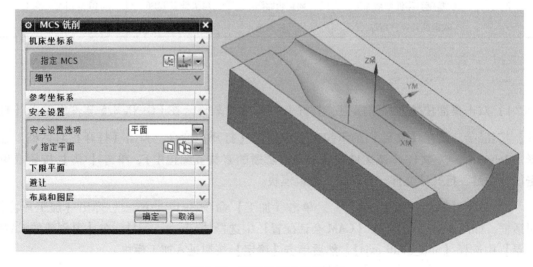

图 3-97 MCS 加工坐标系设置

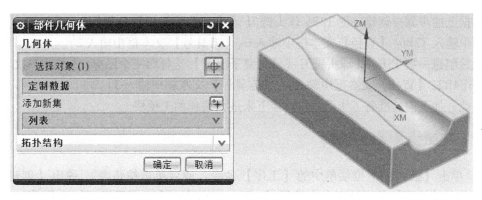

图 3-98　选择部件几何体

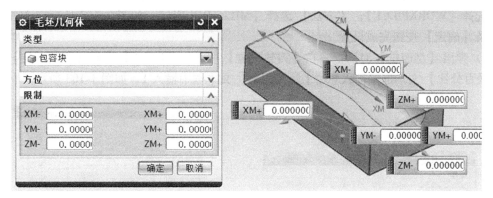

图 3-99　选择毛坯几何体

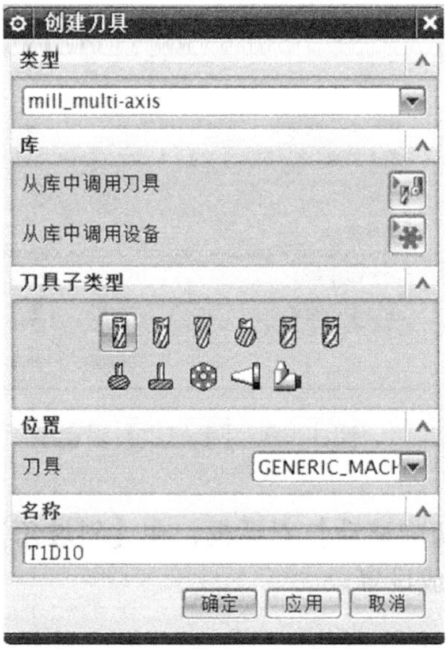

图 3-100　【创建刀具】对话框 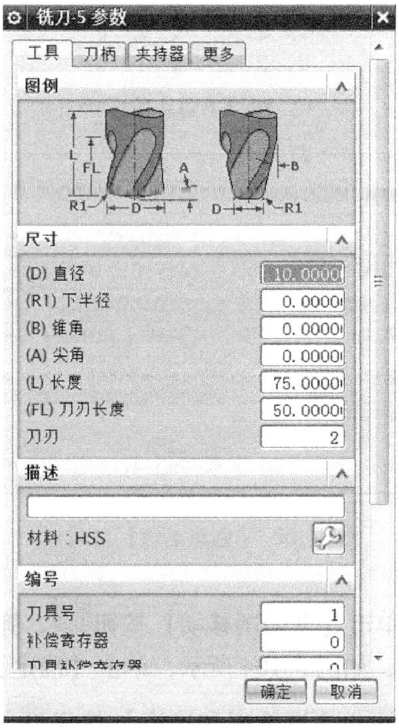　　　　　图 3-101　【铣刀－5 参数】对话框

根据上述步骤再创建一把 T2B6 球头铣刀（【刀具子类型】选择第三个图标，【名称】文本框中输入 T2B6，【直径】文本框中输入 6，【刀具号】文本框中输入 2）。

最后创建一把 T3B4R2 球头铣刀（【刀具子类型】选择第三个图标，【名称】文本框中输入 T3B4R2，【直径】文本框中输入 4，【刀具号】文本框中输入 3）。

至此，加工前的准备工作已完成。接下来进入编程加工模块。

三、吹塑模具零件粗加工

1）单击【插入】下拉菜单中的【工序】命令，或者单击按钮 ，弹出【创建工序】对话框。在【类型】的下拉列表中选择【mill_contour】；【工序子类型】选择第一个图标（型腔铣）；在【位置】中，【程序】选择【PROGRAM】，【刀具】选择【T1D10】，【几何体】选择【WORKPIECE】，【方法】选择【MILL_ROUGH】，如图 3-102 所示，单击【应用】及【确定】按钮完成设置。

2）弹出【型腔铣】对话框，在【刀轨设置】中，【切削模式】选择【跟随周边】，【平面直径百分比】文本框中输入 80，【最大距离】文本框中输入 1，如图 3-103 所示。

图 3-102 【创建工序】对话框

图 3-103 【型腔铣】对话框

3）单击【非切削移动】按钮 ，弹出【非切削移动】对话框，在【斜坡角】文本框中输入 2，如图 3-104 所示，单击【确定】按钮完成设置。

4）单击【进给率和速度】按钮 ，弹出【进给率和速度】对话框，选择【主轴速度】复选框，并在文本框中输入 5000，在【切削】文本框中输入 1000，如图 3-105 所示，单击【确定】按钮完成设置。

图 3-104 【非切削移动】对话框

图 3-105【进给率和速度】对话框

5）单击【操作】栏中的【生成】按钮 ![icon]，生成吹塑模具零件粗加工刀轨，如图 3-106所示。

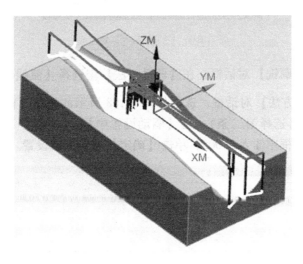

图 3-106 吹塑模具零件粗加工刀轨

四、吹塑模具零件半精加工

1）单击【插入】下拉菜单中的【工序】命令，或者单击按钮 ![icon]，弹出【创建工序】对话框。在【类型】的下拉列表中选择【mill_contour】；【工序子类型】选择第七个图标（固定轮廓铣）；在【位置】中，【程序】选择【PROGRAM】，【刀具】选择【T2B6】，【几何体】选择【WORKPIECE】，【方法】选择【MILL_FINISH】，如图 3-107 所示，单击【应用】及【确定】按钮完成设置。

图 3-107　【创建工序】对话框

2）弹出【固定轮廓铣】对话框，在【驱动方法】中选择【流线】，单击【编辑】按钮，弹出【流线驱动方法】对话框，选择如图 3-108 所示的两条【流曲线】（选择完一条之后，单击中键确认再选择第二条），在【驱动设置中】，【步距】选择【残余高度】，在【最大残余高度】文本框中输入 0.005，单击【确定】按钮完成设置。

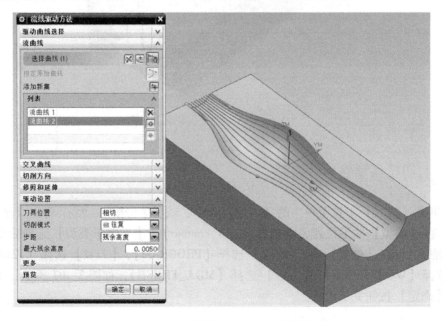

图 3-108　【流线驱动方法】对话框

3）单击【进给率和速度】按钮 ，弹出【进给率和速度】对话框，选择【主轴速度】复选框，并在文本框中输入5000，在【切削】文本框中输入1000，如图3-109所示，单击【确定】按钮完成设置。

4）单击【操作】栏中的【生成】按钮 ，生成吹塑模具零件半精加工刀轨，如图3-110所示。

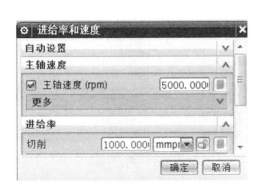

图3-109　【进给率和速度】对话框

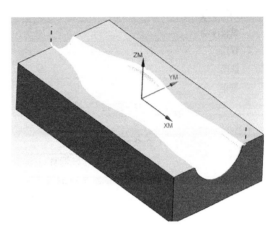

图3-110　吹塑模具零件半精加工刀轨

五、吹塑模具零件精加工

1）单击【创建工序】按钮 ，弹出【创建工序】对话框。在【类型】的下拉列表中选择【mill_multi - axis】；【工序子类型】选择第一个图标（可变轮廓铣）；在【位置】中，【程序】选择【PROGRAM】，【刀具】选择【T3B4R2】，【几何体】选择【MCS_MILL】，【方法】选择【MILL_FINISH】，如图3-111所示，单击【应用】及【确定】按钮完成设置。

2）弹出【可变轮廓铣】对话框，如图3-112所示。

3）展开【驱动方法】，如图3-113所示，在【方法】中选择【流线】，弹出如图3-114所示的【流线驱动方法】对话框，在【流曲线】中选择如图3-115所示的两条曲线（选择曲线1后，单击中键确认再选择曲线2，两条曲线的选择方向箭头一致）；在【驱动设置】中，将【步距数】由原来的数量10改为250，单击【确定】按钮完成设置。

图3-111　【创建工序】对话框

图 3-112 【可变轮廓铣】对话框

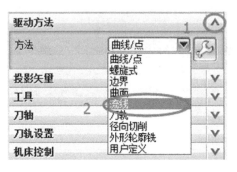

图 3-113 流线型驱动

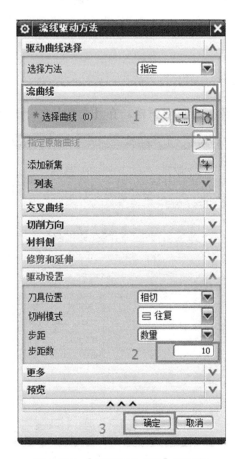

图 3-114 【流线驱动方法】对话框

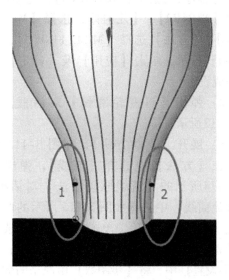

图 3-115 选择流曲线

4）弹出【可变轮廓铣】对话框，展开【投影矢量】，在【矢量】的下拉列表中选择【朝向驱动体】，如图3-116所示。

5）在【可变轮廓铣】中展开【刀轴】，在【轴】的下拉列表中选择【垂直于部件】，如图3-117所示。

6）在【可变轮廓铣】中展开【刀轨设置】，如图3-118所示。单击【进给率和速度】按钮，设置主轴转数为12000r/min，单击【操作】栏中的【生成】按钮，生成吹塑模具零件精加工刀轨。

图3-116 【投影矢量】的设置

图3-117 【刀轴】的设置

图3-118 进给率和速度的选择

六、后处理

对已经生成的刀轨文件右击，单击【后处理】命令，如图3-119所示。弹出【后处理】对话框，选择合适的【后处理器】，如图3-120所示。单击【确定】按钮即可生成数控加工代码。

七、单元小结

本章以吹塑模具零件加工为例，讲解了流线驱动的可变轴轮廓铣加工方法在实际产品中的应用。通过本单元的学习，应了解可变轴轮廓铣加工的一般过程，并掌握流线驱动方法中相关加工参数的设置。

图3-119 选择【后处理】命令

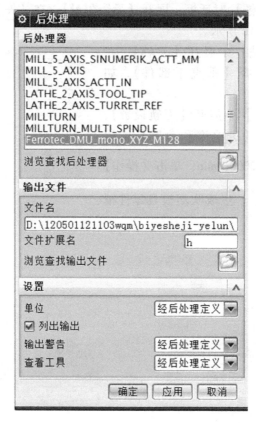

图 3-120 【后处理】对话框

单元四 小叶片零件五轴加工编程

本单元以小叶片零件加工编程为案例，讲解 UG NX 软件五轴加工编程。在这个过程中，学会并理解 UG NX 软件的各种多轴高级加工的方法和应用，可以按照熟悉的方法和工艺生成刀轨，重点介绍五轴曲面驱动方法以及相应参数的设置。在小叶片零件的加工案例中将用到型腔铣、固定轮廓铣、可变轮廓铣，驱动方法会用到曲面驱动，刀轴控制会用到侧刃驱动体。

学习目标

◎了解小叶片零件的加工工艺。

◎掌握加工驱动几何体的创建。

◎掌握五轴曲面驱动方法。

◎掌握刀轴的控制方法。

◎熟悉 UG NX 软件五轴编程的步骤。

一、工作任务分析

图 3-121 所示为小叶片零件，该零件的毛坯高 40mm、直径 80mm，材料为 45 钢，小叶片零件有三个小叶片。小叶片零件粗加工采用三轴型腔铣，三个叶片侧面的精加工采用五轴联动可变轴曲面轮廓铣。

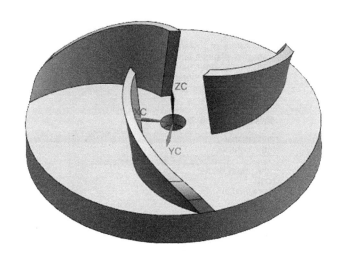

图 3-121　小叶片零件

小叶片零件的加工工艺见表 3-3。

表 3-3　小叶片零件的加工工艺

序号	加工工步	加工策略	加工刀具	公差/mm	余量/mm
1	小叶片零件粗加工	型腔铣	立铣刀 T1D10	0.01	0.5
2	小叶片侧面精加工	可变轮廓铣	球头铣刀 T2B6	0.01	0
3	小叶片顶面精加工	固定轮廓铣	球头铣刀 T2B6	0.01	0

二、加工环境设置

1）双击桌面快捷方式图标 🍃，打开 UG NX 8.5 软件。在 UG NX 8.5 软件中单击【打开】按钮 🍃，或在【文件】的下拉菜单中单击【打开】命令，弹出【打开】对话框。选择"3xiaoyepian. prt"文件（该文件包含于本书随赠的素材资源包中），单击【OK】按钮或单击鼠标中键，打开该文件，自动进入建模模块。

2）单击【开始】按钮 🖱️ 开始，单击【加工】命令 ▮ 加工(N)...，弹出【加工环境】对话框，如图 3-122 所示。在【CAM 会话配置】中选择【cam_general】，在【要创建的 CAM 设置】中选择【mill_multi-axis】，然后单击【确定】按钮进入加工模块。

3）单击【几何视图】按钮 🖵，把【工序导航器】切换到【几何】。双击【MCS_MILL】 ⊕ ฿MCS_MILL 打开【MCS 铣削】对话框，将【指定 MCS】设为"自动判断"，按

〈Ctrl + Shift + B〉键显示毛坯，选择毛坯上表面为自动判断的面。在【安全设置选项】的下拉列表中选择【平面】，选择毛坯上表面为基础平面，输入距离数值 20，如图 3-123 所示，单击【确定】按钮完成坐标系设置。

图 3-122　【加工环境】对话框

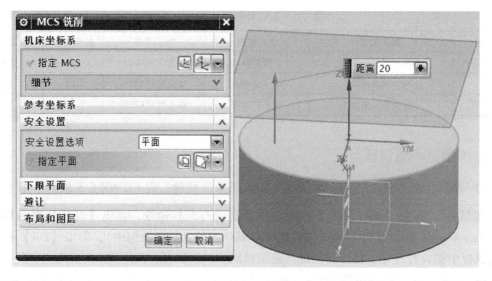

图 3-123　MCS 坐标系设置

4）单击【MCS_MILL】前面的 + 号，双击【WORKPIECE】 WORKPIECE 打开【工件】对话框，按〈Ctrl + Shift + B〉键显示部件，单击【指定部件】中的按钮，弹出【部件几何体】对话框，选择建模完成后的模型为部件，如图 3-124 所示，单击【确定】按钮完成设置。

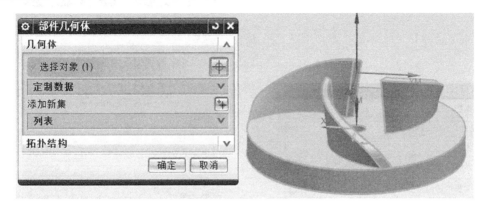

图 3-124　选择部件几何体

5）按〈Ctrl + Shift + B〉键显示毛坯，单击【指定毛坯】中的按钮 ，弹出【毛坯几何体】对话框，在【类型】的下拉列表中选择【几何体】，选择创建好的毛坯，如图 3-125 所示。单击【确定】按钮返回【工件】对话框，再次单击【确定】按钮完成部件与毛坯的设置，按〈Ctrl + Shift + B〉键显示部件。

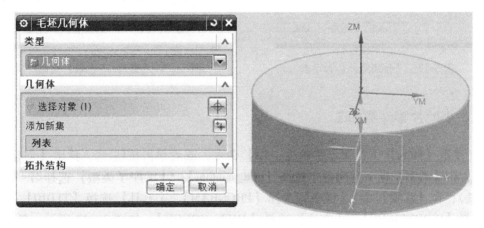

图 3-125　选择毛坯几何体

6）单击【机床视图】按钮 ，把【工序导航器】切换到【机床】，单击【插入】下拉菜单中的【刀具】命令，或者单击按钮 ，弹出【创建刀具】对话框。在【类型】的下拉列表中选择【mill_multi-axis】，【刀具子类型】选择第一个图标，在【名称】文本框中输入 T1D10，如图 3-126 所示，单击【应用】及【确定】按钮完成设置。

7）弹出【铣刀 – 5 参数】对话框，在【直径】文本框中输入数值 10，在【刀具号】文本框中输入数值 1，如图 3-127 所示，单击【确定】按钮完成设置。

根据上述步骤再创建一把 T2B6 球头铣刀【刀具子类型】选择第三个图标，【名称】文本框中输入 T2B6，【直径】文本框中输入 6，【刀具号】文本框中输入 2。

至此，加工前的准备工作已完成，接下来进入编程加工模块。

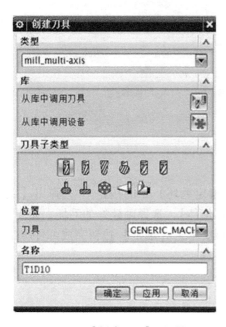

图 3-126 【创建刀具】对话框

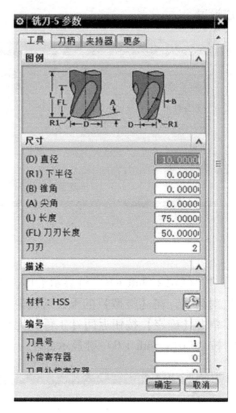

图 3-127 【铣刀-5 参数】对话框

三、小叶片零件粗加工

1）单击【插入】下拉菜单中的【工序】命令，或者单击按钮，弹出【创建工序】对话框。在【类型】的下拉列表中选择【mill_contour】；【工序子类型】选择第一个图标（型腔铣）；在【位置】中，【程序】选择【PROGRAM】，【刀具】选择【T1D10】，【几何体】选择【WORKPIECE】，【方法】选择【MILL_ROUGH】，如图 3-128 所示，单击【应用】及【确定】按钮完成设置。

2）弹出【型腔铣】对话框，在【刀轨设置】中，【切削模式】选择【跟随周边】，【平面直径百分比】文本框中输入 80，【最大距离】文本框中输入 1，如图 3-129 所示。

3）单击【非切削移动】按钮，弹出【非切削移动】对话框，在【斜坡角】文本框中输入 2 如图 3-130 所示，单击【确定】按钮完成设置。

4）单击【进给率和速度】按钮，弹出【进给率和速度】对话框，选择【主轴速度】复选框，并在文本框中输入 5000，在【切削】文本框中输入 1000，如图 3-131 所示，单击【确定】按钮完成设置。

5）单击【操作】栏中的【生成】按钮，生成小叶片零件粗加工刀轨，如图 3-132 所示。

图 3-128 【创建工序】对话框

图 3-129 【型腔铣】对话框

图 3-130 【非切削移动】对话框

图 3-131 【进给率和速度】对话框

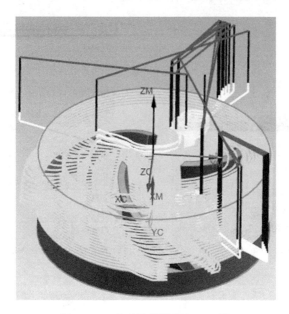

图 3-132　小叶片零件粗加工刀轨

四、小叶片侧面精加工

1）为了在选取曲面时不弹出【不能构建栅格线】对话框（图 3-28），可以提前进行设置，单击工具栏中【首选项】栏下的【选择】命令，或按快捷键〈Ctrl + Shift + T〉打开【选择首选项】对话框，在【成链】栏下的【公差】中输入数值 0.1 进行调试，后期如果仍然无法构建栅格线则增大【公差】数值继续调试。

2）单击【插入】下拉菜单中的【工序】命令，或者单击按钮 ，弹出【创建工序】对话框，在【类型】的下拉列表中选择【mill_multi-axis】；【工序子类型】选择第一个图标（可变轮廓铣）；在【位置】中，【程序】选择【PROGRAM】，【刀具】选择【T2B6】，【几何体】选择【MCS_MILL】，【方法】选择【MILL_FINISH】，如图 3-133所示，单击【应用】及【确定】按钮完成设置。

3）弹出【可变轮廓铣】对话框，单击【指定部件】中的按钮，弹出【部件几何体】对话框，在 NX 菜单栏下方的【选择条】中选择【面】，选择底面为部件，如图 3-134所示，单击【确定】按钮完成设置。

图 3-133　【创建工序】对话框

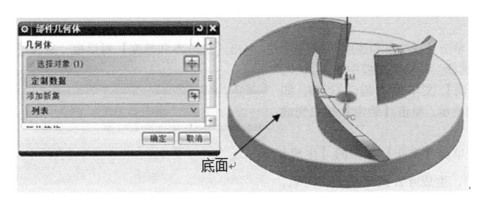

图 3-134　选择部件几何体

4）在【驱动方法】中选择【曲面】，单击【编辑】按钮，弹出【曲面区域驱动方法】对话框，如图 3-135 所示。单击【指定驱动几何体】中的按钮，弹出【驱动几何体】对话框，选择叶片的三个侧面作为驱动几何体，单击【确定】按钮返回【曲面区域驱动方法】对话框。选择合适的【切削方向】和【材料反向】，在【步距数】文本框中输入0，单击【确定】按钮完成设置。

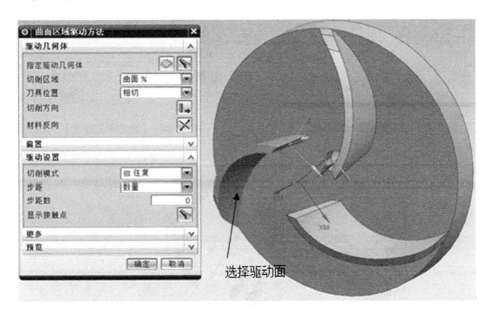

图 3-135　选择驱动几何体

5）在【刀轴】中选择【侧刃驱动体】，单击【指定侧刃方向】按钮弹出【选择侧刃驱动方向】对话框，选择如图 3-136 所示的方向，单击【确定】按钮完成设置。

6）单击【切削参数】按钮，弹出【切削参数】对话框，单击【多刀路】栏，在【部件余量偏置】文本框中输入 20，选择【多重深度切削】复选框，在【步进方法】的下拉列表中选择【增量】并在文本框中输入数值 2，如图 3-137 所示，单击【确定】按钮完成设置。

7）单击【进给率和速度】按钮，弹出【进给率和速度】对话框，选择【主轴速度】复选框，并在文本框中输入 5000，在【切削】文本框中输入 1000，如图 3-138 所示，单击【确定】按钮完成设置。

8）单击【操作】栏中的【生成】按钮，生成叶片侧面精加工刀轨，如图 3-139 所示。

图 3-136 【选择侧刃驱动方向】对话框

图 3-137 切削参数—多刀路

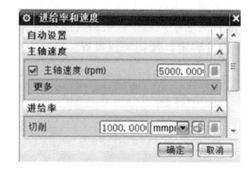

图 3-138 【进给率和速度】对话框

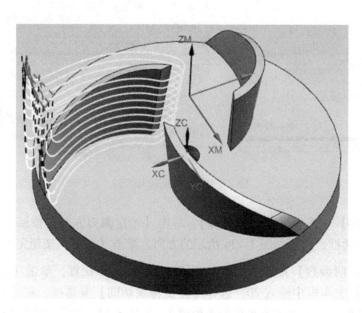

图 3-139 叶片侧面精加工刀轨

五、小叶片顶面精加工

1）单击【插入】下拉菜单中的【工序】命令，或者单击按钮，弹出【创建工序】对话框。在【类型】的下拉列表中选择【mill_contour】；【工序子类型】选择第七个图标（固定轮廓铣）；在【位置】中，【程序】选择【PROGRAM】，【刀具】选择【T2B6】，【几何体】选择【WORKPIECE】，【方法】选择【MILL_FINISH】，如图3-140所示，单击【应用】及【确定】按钮完成设置。

2）在弹出【固定轮廓铣】对话框中，单击【指定切削区域】中的按钮，弹出【切削区域】对话框，选择如图3-141所示的区域为切削区域，单击【确定】按钮完成设置。

3）在【驱动方法】中选择【区域铣削】，单击【编辑】按钮，弹出【区域铣削驱动方法】对话框，【切削模式】选择【往复】，【步距】选择【残余高度】，在【最大残余高度】文本框中输入0.005，如图3-142所示，单击【确定】按钮完成设置。

图3-140　【创建工序】对话框

4）单击【进给率和速度】按钮，弹出【进给率和速度】对话框，选择【主轴速度】复选框，并在文本框中输入5000，在【切削】文本框中输入1000，如图3-143所示，单击【确定】按钮完成设置。

图3-141　选择切削区域

5）单击【操作】栏中的【生成】按钮，生成小叶片顶面精加工刀轨，如图3-144所示。

图 3-142 【区域铣削驱动方法】对话框

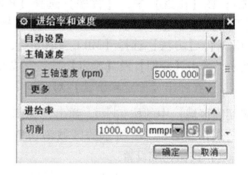

图 3-143 【进给率和速度】对话框

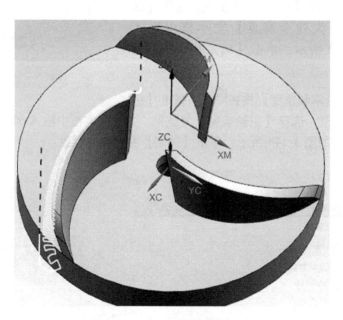

图 3-144 小叶片顶面精加工刀轨

6）按住〈Ctrl〉键依次点击已经生成的叶片侧面精加工程序和叶片顶面精加工程序，右击选择【对象】及【变换】命令，如图 3-145 所示。弹出【变换】对话框，【类型】选择【绕点旋转】；【指定枢轴点】选择"圆心点"，【角度】文本框中输入 120；【结果】选择【复制】，【非关联副本数】文本框中输入 2，如图 3-146 所示。单击【确定】按钮生成 3 个叶片侧面与顶面的精加工刀轨。

图 3-145　选择【对象】及【变换】命令

图 3-146　【变换】对话框

六、后处理

对已经生成的刀轨文件右击，单击【后处理】命令，如图 3-147 所示。弹出【后处理】对话框，选择合适的【后处理器】，如图 3-148 所示。单击【确定】按钮即可生成数控加工代码。

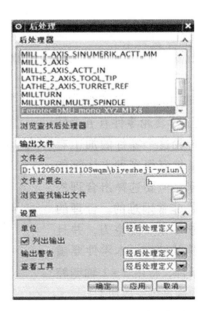

图3-147　选择【后处理】命令

图 3-148　【后处理】对话框

七、单元小结

小叶片零件加工的难点是在使用侧刃驱动体方式精加工叶片侧面时所选择的部件不是整个模型，而只是底面，而且要使用余量偏置和增量的步进方法形成多条刀路，并通过这种方法控制每刀切深。当叶片侧面精加工刀轨和叶片顶面加工刀轨生成后，通过对象栏下变换命令的绕点旋转进行环形整列，这个方法在回转类零件加工中用的较多，非常方便，不需要重新选择部件去生成刀轨。

单元五　小转轮零件五轴加工编程

本单元以小转轮零件加工编程为案例，讲解 UG NX 软件五轴加工编程。在这个过程中，学会并理解 UG NX 软件的各种多轴高级加工的方法和应用，可以按照熟悉的方法和工艺生成刀轨，重点介绍五轴曲面驱动方法以及相应参数的设置。在小转轮零件的加工案例中将用到 3 + 2 轴型腔铣、可变轮廓铣，驱动方法会用到区域铣削驱动、曲面驱动，刀轴控制会用到远离直线、指定矢量等。

学习目标

◎了解小转轮零件的加工工艺。

◎掌握加工驱动几何体的创建。

◎掌握五轴曲面驱动方法。

◎掌握刀轴的控制方法。

◎熟悉 UG NX 软件五轴加工编程的步骤。

一、工作任务分析

图 3-149 所示为小转轮零件，该零件的毛坯高 40mm、直径 60mm，材料为 45 钢，小转轮零件有五个转轮叶片。小转轮这个零件的加工有一定难度，虽然有很多种方法都能把它加工出来，但要选择出合理的加工方法还是非常困难的。合理的加工方法要求尽量少走空刀，并且尽量保证零件的精度。本零件要满足上述两个条件，将用 3 + 2 轴型腔铣、可变轴曲面铣等完成加工。

小转轮零件的加工工艺见表 3-4。

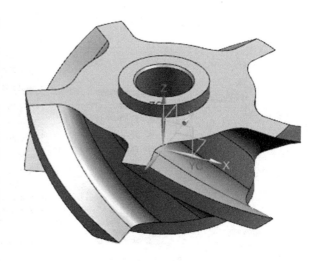

图 3-149　小转轮零件

表 3-4　小转轮零件的加工工艺

序号	加工工步	加工策略	加工刀具	公差/mm	余量/mm
1	小转轮端面精加工	3 轴型腔铣	立铣刀 T1D10	0.01	0
2	小转轮流道槽粗加工	3 + 2 轴型腔铣	立铣刀 T1D10	0.01	0.5
3	小转轮流道槽精加工	可变轮廓铣	球头铣刀 T2B6	0.01	0

二、加工环境设置

1）双击桌面快捷方式图标 ，打开 UG NX 8.5 软件。在 UG NX 8.5 软件中单击【打开】按钮 ，或在【文件】的下拉菜单中单击【打开】命令，弹出【打开】对话框。选择"4xiaozhuanlun. prt"文件（该文件包含于本书随赠的素材资源包中），单击【OK】按钮或单击鼠标中键，打开该文件，自动进入建模模块。

2）单击【开始】按钮 开始·，单击【加工】命令 加工(N)...，弹出【加工环境】对话框，如图 3-150 所示，在【CAM 会话配置】中选择【cam_general】，在【要创建的 CAM 设置】中选择【mill_multi-axis】，然后单击【确定】按钮进入加工模块。

3）单击【几何视图】按钮 ，把【工序导航器】切换到【几何】。双击【MCS _ MILL】 MCS_MILL 打开【Mill Orient】对话框，将【指定

图 3-150　【加工环境】对话框

MCS】设为"自动判断"，选择毛坯上表面为自动判断的面。在【安全设置选项】的下拉列表中选择【平面】，选择毛坯下表面为基础平面，输入距离数值 20，如图 3-151 所示，单击【确定】按钮完成坐标系设置。

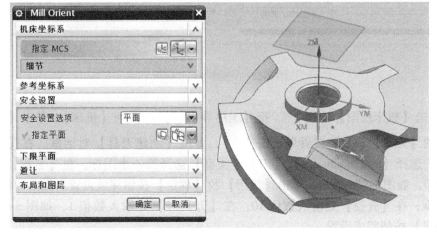

图 3-151　MCS 坐标系设置

4）单击【MCS_MILL】前面的 + 号，双击【WORKPIECE】 ⚙ WORKPIECE 打开【工件】
对话框，单击【指定部件】中的【选择或编辑部件几何体】按钮 ，弹出【部件几何体】
对话框，选择建模完成后的模型为部件，如图 3-152 所示，单击【确定】按钮完成设置。

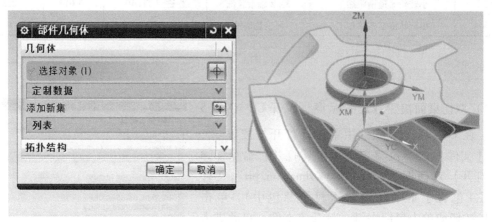

图 3-152　选择部件几何体

5）单击【指定毛坯】中的【选择或编辑毛坯几何体】按钮 ，弹出【毛坯几何体】
对话框，在【类型】的下拉列表中选择【包容圆柱体】，选择创建好的毛坯，如图 3-153 所
示。单击【确定】按钮返回【工件】对话框，单击【确定】按钮完成部件与毛坯的设置。

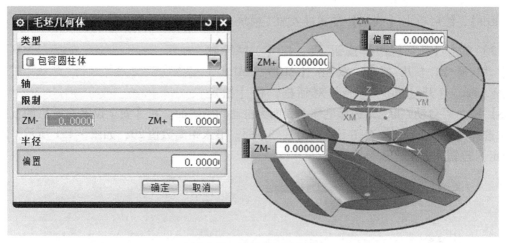

图 3-153　选择毛坯几何体

6）单击【机床视图】按钮 ，把【工序导航器】切换到【机床】，单击【插入】下
拉菜单中的【刀具】命令，或者单击按钮 ，弹出【创建刀具】对话框。在【类型】的
下拉列表中选择【mill_multi-axis】，【刀具子类型】选择第一个图标，在【名称】文本框中
输入 T1D10，如图 3-154 所示，单击【应用】及【确定】按钮完成设置。弹出【铣刀 - 5 参
数】对话框，在【直径】处输入数值 10，在【刀具号】处输入数值 1，如图 3-155 所示，
单击【确定】按钮完成设置。

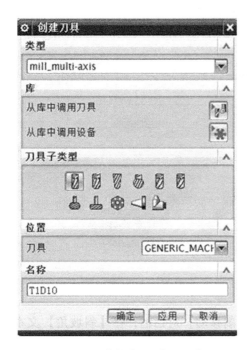

图3-154 【创建刀具】对话框

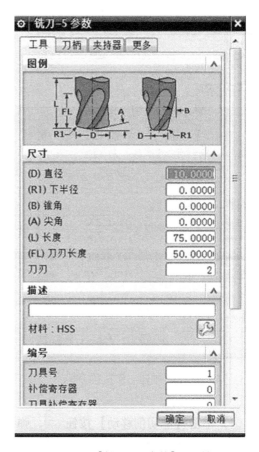

图3-155 【铣刀-5参数】对话框

根据上述步骤再创建一把 T2B6 球头铣刀（【刀具子类型】选择第三个图标，【名称】文本框中输入 T2B6，【直径】文本框中输入 6，【刀具号】文本框中输入 2）。

至此，加工前的准备工作已完成，接下来进入编程加工模块。

三、小转轮端面精加工

1）单击【插入】下拉菜单中的【工序】命令，或者单击按钮，弹出【创建工序】对话框。在【类型】的下拉列表中选择【mill_contour】；【工序子类型】选择第一个图标（型腔铣）；在【位置】中，【程序】选择【PROGRAM】，【刀具】选择【T1D10】，【几何体】选择【WORKPIECE】，【方法】选择【MILL_FINISH】，如图3-156所示，单击【应用】及【确定】按钮完成设置。

2）弹出【型腔铣】对话框，单击【指定切削区域】中的【选择或编辑切削区域几何体】按钮，弹出【切削区域】对话框，选择如图3-157所示的区域为切削区域，单击【确定】按钮完成设置。

3）在【型腔铣】对话框的【刀轨设置】中，【切削模式】选择【跟随周边】，【平面直径百分比】文本框中输入80，【最大距离】文本框中输入1，如图3-158所示。

图 3-156 【创建工序】对话框

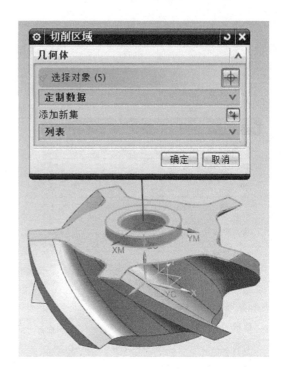

图 3-157 选择切削区域

4）单击【非切削移动】按钮，弹出【非切削移动】对话框，在【斜坡角】文本框中输入 2，如图 3-159 所示，单击【确定】按钮完成设置。

图 3-158 【型腔铣】对话框

图 3-159 【非切削移动】对话框

5）单击【进给率和速度】按钮，弹出【进给率和速度】对话框，选择【主轴速度】复选框，并在文本框中输入 5000，在【切削】文本框中输入 1000，如图 3-160 所示，单击【确定】按钮完成设置。

6）单击【操作】栏中的【生成】按钮，生成小转轮端面精加工刀轨，如图3-161所示。

图3-160 【进给率和速度】对话框   图3-161 小转轮端面精加工刀轨

四、小转轮流道槽粗加工

1）单击【插入】下拉菜单中的【工序】命令，或者单击按钮，弹出【创建工序】对话框，在【类型】的下拉列表中选择【mill_contour】；【工序子类型】选择第一个图标（型腔铣）；在【位置】中，【程序】选择【PROGRAM】，【刀具】选择【T1D10】，【几何体】选择【WORKPIECE】，【方法】选择【MILL_ROUGH】，如图3-162所示，单击【应用】及【确定】按钮完成设置，弹出【型腔铣】对话框。

2）在【型腔铣】对话框中，展开【刀轴】选项，在【轴】的下拉列表中选择【指定矢量】，单击【指定矢量】的【XC轴】下拉按钮，选择【XC】；【刀轨设置】中，【切削模式】选择【跟随周边】，【平面直径百分比】文本框中输入60，【最大距离】文本框中输入1，如图3-163所示。

3）单击【切削层】中的按钮，弹出【切

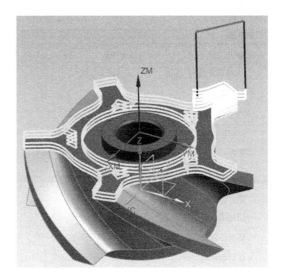

图3-162 【创建工序】对话框

削层】对话框，在【范围定义】栏下【范围深度】的文本框中输入 18，如图 3-164 所示，单击【确定】按钮完成设置。

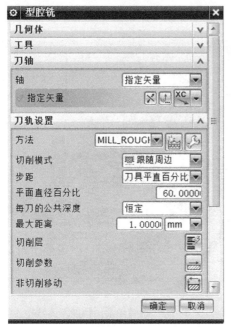

图 3-163　【型腔铣】对话框

图 3-164　【切削层】对话框

4）单击【进给率和速度】按钮 ，弹出【进给率和速度】对话框，选择【主轴速度】复选框，并在文本框中输入 5000，在【切削】文本框中输入 1000，如图 3-165 所示，单击【确定】按钮完成设置。

5）单击【操作】栏中的【生成】按钮 ，生成小转轮流道粗加工刀轨，如图 3-166 所示。

图 3-165　【进给率和速度】对话框

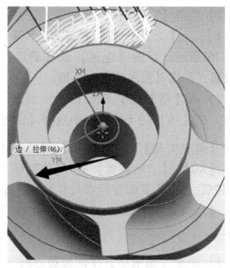

图 3-166　小转轮流道粗加工刀轨

6）右击已经生成的加工程序，单击【对象】及【变换】命令，如图 3-167 所示。弹出【变换】对话框，【类型】选择【绕点旋转】；【指定枢轴点】选择"圆心点"，【角度】文本框中输入 72；【结果】选择【复制】单选框，【非关联副本数】文本框中输入 4，如图 3-168 所示。

7）单击【确定】按钮生成 5 个流道槽粗加工刀轨，如图 3-169 所示。

图 3-167　选择【对象】及【变换】命令

图 3-168　【变换】对话框

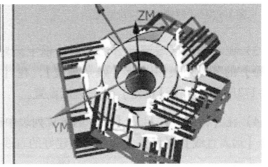

图 3-169　流道槽粗加工刀轨

五、小转轮流道槽精加工

1. 小转轮流道槽底面精加工

1）单击【插入】下拉菜单中的【工序】命令，或者单击按钮，弹出【创建工序】对话框，在【类型】的下拉列表中选择【mill_multi-axis】；【工序子类型】选择第一个图标（可变轮廓铣）；在【位置】中，【程序】选择【PROGRAM】，【刀具】选择【T2B6】，【几何体】选择【WORKPIECE】，【方法】选择【MILL_FINISH】，如图 3-170 所示，单击【应

用】及【确定】按钮完成设置。

2）弹出【可变轮廓铣】对话框，在【驱动方法】中选择【曲面】，单击【编辑】按钮，弹出【曲面区域驱动方法】对话框，单击【指定驱动几何体】中的按钮，弹出【驱动几何体】对话框，选择流道槽底面的三面作为驱动几何体，如图3-171所示。

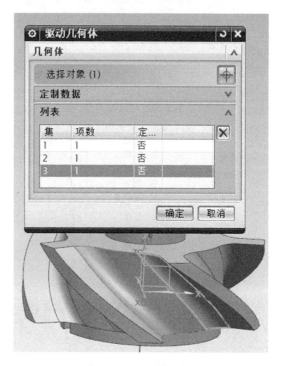

图3-170 【创建工序】对话框　　　　图3-171 选择驱动几何体

3）在【曲面区域驱动方法】对话框中设置合适的【切削方向】和【材料反向】；在【步距】的下拉列表中选择【残余高度】，在【最大残余高度】文本框中输入0.005，如图3-172所示，单击【确定】按钮完成设置。

4）在【刀轴】栏目下【轴】的下拉列表中选择【远离直线】，单击【编辑】按钮，弹出【远离直线】对话框，选取已创建好的直线，如图3-173所示。

5）单击【进给率和速度】按钮，弹出【进给率和速度】对话框，选择【主轴速度】复选框，并在文本框中输入5000，在【切削】文本框中输入1000，如图3-174所示，单击【确定】按钮完成设置。

6）单击【操作】栏中的【生成】按钮，生成小转轮流道槽底面精加工刀轨。

7）对已经生成的加工程序右击，单击【对象】及【变换】命令，如图3-175所示。弹出【变换】对话框，【类型】选择【绕点旋转】；【指定枢轴点】选择"圆心点"，【角度】文本框中输入72；【结果】选择【复制】，【非关联副本数】文本框中输入4，如图3-176所示。单击【确定】按钮生成5个流道槽底面精加工刀轨，如图3-177所示。

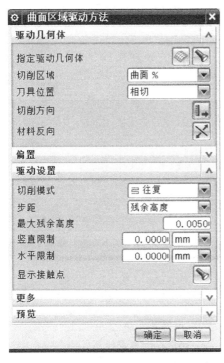

图 3-172　【曲面区域驱动方法】对话框

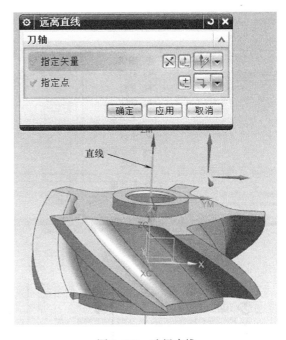

图 3-173　选择直线

2. 小转轮流道槽侧面精加工

1）为了在选取曲面时不弹出【不能构建栅格线】对话框（图 3-27），可以提前进行设置，单击工具栏中【首选项】栏下的【选择】命令，或按快捷键〈Ctrl + Shift + T〉打开【选择首选项】对话框，在【成链】栏下的【公差】中输入数值 0.1 进行调试，后期如果仍然无法构建栅格线，则增大【公差】数值继续调试。

2）单击【插入】下拉菜单中的【工序】命令，或者单击按钮 ，弹出【创建工序】对

图 3-174　【进给率和速度】对话框

话框，在【类型】的下拉列表中选择【mill_multi-axis】；【工序子类型】选择第一个图标（可变轮廓铣）；在【位置】中，【程序】选择【PROGRAM】，【刀具】选择【T2B6】，【几何体】选择【MCS_MILL】，【方法】选择【MILL_FINISH】，如图 3-178 所示，单击【应用】及【确定】按钮完成设置。

3）在【可变轮廓铣】对话框的【驱动方法】中选择【曲面】，单击【编辑】按钮 ，弹出【曲面区域驱动方法】对话框，单击【指定驱动几何体】中的按钮 ，弹出【驱动几何体】对话框，选择流道侧面作为驱动几何体，单击【确定】按钮返回【曲面区域驱动方法】对话框，如图 3-179 所示。选择合适的【切削方向】和【材料反向】，在【步距数】文本框中输入 10，单击【确定】按钮完成设置。

图 3-175　选择【对象】及【变换】命令　　　　图 3-176　【变换】对话框

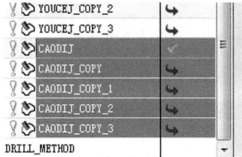

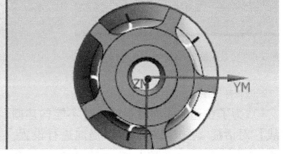

图 3-177　小转轮流道槽底面精加工刀轨

4）在【刀轴】选择【侧刃驱动体】，单击【指定侧刃方向】中的按钮，弹出【选择侧刃驱动方向】对话框，选择如图 3-180 所示的方向，单击【确定】按钮完成设置。

5）单击【进给率和速度】按钮，弹出【进给率和速度】对话框，选择【主轴速度】复选框，并在文本框中输入 5000，在【切削】文本框中输入 1000，如图 3-181 所示，单击【确定】按钮完成设置。

6）单击【操作】栏中的【生成】按钮，生成小转轮流通槽侧面精加工刀轨。

流道另一边侧面的加工也按上述步骤进行编程，只需在选择【驱动几何体】时选择流道的另一侧面即可，如 3-182 所示。

图 3-178　【创建工序】对话框

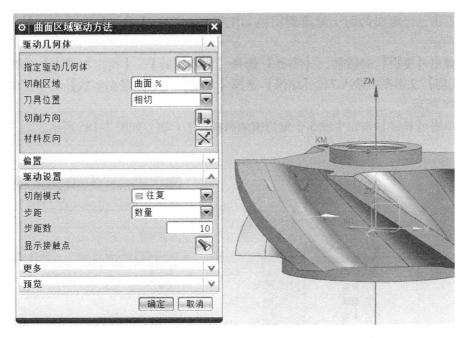

图 3-179　选择驱动面

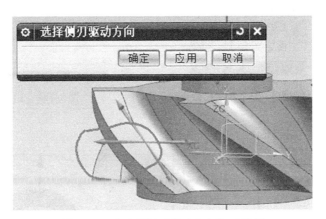

图 3-180　【选择侧刃驱动方向】对话框

图 3-181　【进给率和速度】对话框

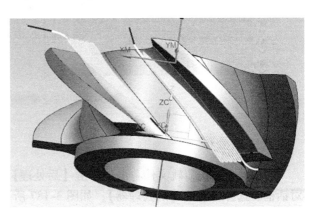

图 3-182　小转轮流通槽侧面精加工刀轨

7）右击已经生成的两个流道侧面精加工程序，单击【对象】及【变换】命令，如图 3-183 所示。

8）弹出【变换】对话框，【类型】选择【绕点旋转】；【指定枢轴点】选择"圆心点"，【角度】文本框中输入 72；【结果】选择【复制】，【非关联副本数】文本框中输入 4，如图 3-184 所示。

9）单击【确定】按钮生成 5 个流道槽侧面精加工刀轨，如图 3-185 所示。

图 3-183　选择【对象】及【变换】命令

图 3-184　【变换】对话框

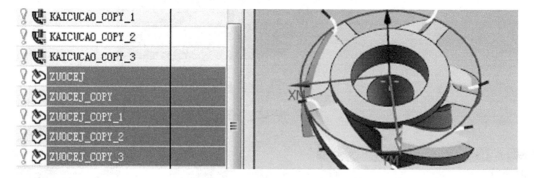

图 3-185　流道槽侧面精加工刀轨

六、后处理

对已经生成的刀轨文件右击，单击【后处理】命令，如图 3-186 所示。弹出【后处理】对话框，选择合适的【后处理器】，如图 3-187 所示。单击【确定】按钮即可生成数控加工代码。

图 3-186　选择【后处理】命令

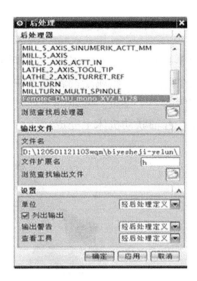

图 3-187　【后处理】对话框

七、单元小结

小转轮加工用到了很多加工方法，各种加工方法的参数设置也不相同。流道的粗加工使用了 3 + 2 轴加工方法，这个方法在加工转轮类零件的时候使用比较多。流道底面加工采用曲面驱动，刀轴控制选择了远离直线；侧面加工采用了曲面驱动，刀轴控制选择了侧刃驱动体，但是在加工流道侧面的时候没有选择任何部件，因为在加工流道底面的时候已经把流道的圆角加工掉了，而侧刃的驱动曲面就是这个流道的侧面本身，所有生成的驱动刀轨也就是实际的加工刀轨，能加工部件。

单元六　叶轮五轴加工编程

本单元以叶轮零件加工编程为案例，讲解 UG NX 软件五轴加工编程。在这个过程中，学会并理解 UG NX 软件的各种多轴高级加工的方法和应用，可以按照熟悉的方法和工艺生成刀轨，重点介绍五轴曲面驱动方法以及相应参数的设置。另外，UG NX 8.5 为叶轮加工创建了一个独立的模块——叶轮模块，使得叶轮加工变得非常简单，使用叶轮模块进行加工只需选择叶轮的包覆面、轮毂、叶片、圆角，并且设置合适的加工参数即可。

> **学习目标**
>
> ◎了解叶轮的加工工艺。
> ◎掌握加工驱动几何体的创建。
> ◎掌握刀轴的控制方法。
> ◎熟悉 UG NX 软件叶轮模块的应用。

一、工作任务分析

图 3-188 所示为叶轮零件，该零件的毛坯高 50mm、直径 80mm，材料为 45 钢，叶轮零件有八个叶片。叶轮属于回转类零件，由于两叶片之间的距离小，如何合理控制刀轴是多轴程序编制的一个难点。叶轮的毛坯外形可通过数控车床车削成形，而流道和叶片的成形加工则需要在五轴联动机床上完成。

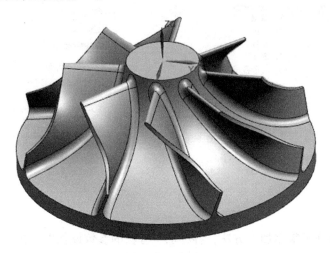

图 3-188 叶轮零件

叶片加工是整个零件加工的难点，由于叶片之间的间隔距离小，叶片的扭曲程度决定了加工时刀轴的摆动范围，刀轴必须在两叶片之间允许的范围内摆动，刀具才不会与叶片发生干涉。

该叶轮加工方案采用软件中的叶轮模块，通过叶轮模块进行加工只需选择叶轮的包覆面、轮毂、叶片、圆角，并且设置合适的加工参数即可，叶轮的加工工艺见表 3-5。

表 3-5 叶轮的加工工艺

序号	加工工步	加工策略	加工刀具	公差/mm	余量/mm
1	叶轮粗加工	多叶片粗加工	球头铣刀 T1B8	0.01	0.5
2	叶轮轮毂精加工	轮毂精加工	球头铣刀 T2B4	0.01	0
3	叶轮叶片精加工	叶片精加工	球头铣刀 T2B4	0.01	0
4	叶轮叶根圆角精加工	圆角精加工	球头铣刀 T2B4	0.01	0

二、加工环境设置

1）双击桌面快捷方式图标 ，打开 UG NX 8.5 软件。在 UG NX 8.5 软件中单击【打开】按钮 ，或在【文件】的下拉菜单中单击【打开】命令，弹出【打开】对话框。选择"5yelun. prt"文件（该文件包含于本书随赠的素材资源包中），单击【OK】按钮或单击鼠标中键，打开该文件，自动进入建模模块。

2）单击【开始】按钮 ，单击【加工】命令 加工(N)...，弹出【加工环境】对话框，如图 3-189 所示。在【CAM 会话配置】中选择【cam_general】，在【要创建的 CAM 设置】中选择【mill_multi_blade】，然后单击【确定】按钮进入加工模块。

3）单击【几何视图】按钮，把【工序导航器】切换到【几何】。双击【MCS_ MILL】 MCS_MILL 打开【MCS 铣削】对话框，将【指定 MCS】设为"自动判断"，按〈Ctrl + Shift + B〉键显示毛坯，选择毛坯上表面为自动判断的面。在【安全设置选项】的下拉列表中选择【平面】，选择毛坯上表面为基础平面，输入距离数值 20，如图 3-190 所示，单击【确定】按钮完成坐标系设置。

4）单击【MCS_MILL】前面的 + 号，双击【WORKPIECE】 WORKPIECE 打开【工件】对话框，按〈Ctrl + Shift + B〉键显示部件，单击【指定部件】中的按钮，弹出【部件几何体】对话框，选择建模完成后的模型为部件，如图 3-191 所示，单击【确定】按钮完成设置。

图 3-189　【加工环境】对话框

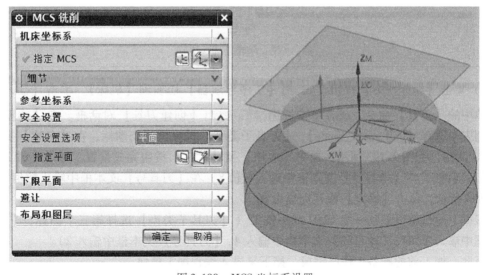

图 3-190　MCS 坐标系设置

5）按〈Ctrl + Shift + B〉键显示毛坯，单击【指定毛坯】中的按钮，弹出【毛坯几何体】对话框，在【类型】的下拉列表中选择【几何体】，选择创建好的毛坯，如图 3-192 所示。单击【确定】按钮返回【工件】对话框，再次单击【确定】按钮完成部件与毛坯的

设置，按〈Ctrl + Shift + B〉键显示部件。

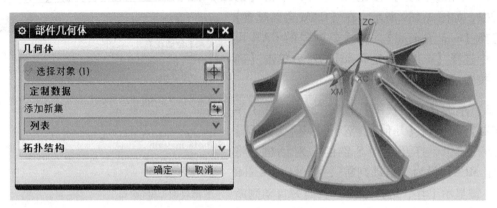

图 3-191　选择部件几何体

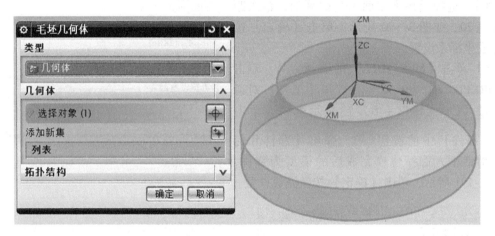

图 3-192　选择毛坯几何体

6）单击【机床视图】按钮，把【工序导航器】切换到【机床】，单击【插入】下拉菜单中的【刀具】命令，或者单击按钮，弹出【创建刀具】对话框。在【类型】的下拉列表中选择【mill_multi_blade】，【刀具子类型】选择第三个图标，在【名称】文本框中输入 T1B8，如图 3-193 所示，单击【应用】及【确定】按钮完成设置。弹出【铣刀 - 球头铣】对话框，在【球直径】文本框中输入数值 8，在【刀具号】文本框中输入数值 1，如图 3-194 所示，单击【确定】按钮完成设置。

根据上述步骤再创建一把 T2B4 球头铣刀（【刀具子类型】选择第三个图标，【名称】文本框中输入 T2B4，【球直径】文本框中输入 4，【刀具号】文本框中输入 2）。

至此，加工前的准备工作已完成，接下来进入编程加工模块。

三、叶轮粗加工

1）单击【插入】下拉菜单中的【工序】命令，或者单击按钮，弹出【创建工序】对话框，在【类型】的下拉列表中选择【mill_multi_blade】；【工序子类型】选择第一个图标（多叶片粗加工）；在【位置】中，【程序】选择【PROGRAM】，【刀具】选择【T1B8】，【几何体】选择【WORKPIECE】，【方法】选择【MILL_ROUGH】，如图 3-195 所示，单击【应用】及【确定】按钮完成设置。

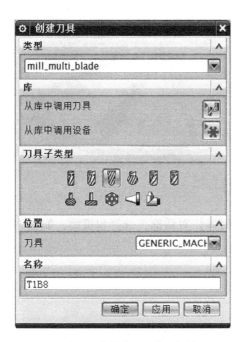

图 3-193　【创建刀具】对话框

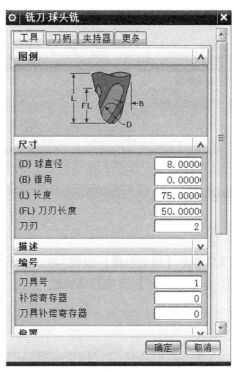

图 3-194　【铣刀 – 球头铣】对话框

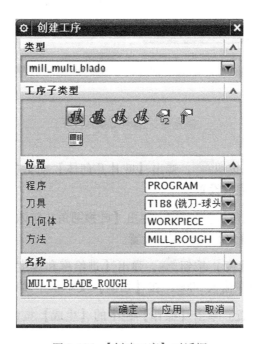

图 3-195　【创建工序】对话框

2）弹出【多叶片粗加工】对话框，单击【指定轮毂】按钮🔩，弹出【轮毂几何体】对话框，选择轮毂，如图 3-196 所示，单击【确定】按钮完成设置。

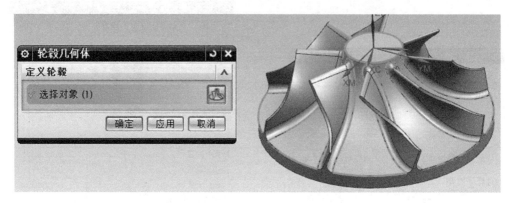

图 3-196　选择轮毂几何体

3）单击【指定包覆】按钮🔩，弹出【包覆几何体】对话框，选择包覆面，如图 3-197 所示，单击【确定】按钮完成设置。

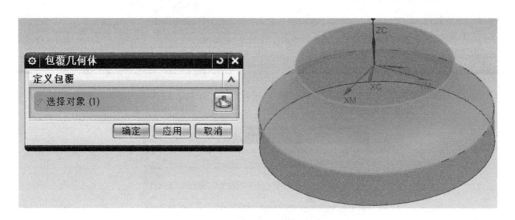

图 3-197　选择包覆几何体

4）单击【指定叶片】按钮🔩，弹出【叶片几何体】对话框，选择叶片，如图 3-198 所示，单击【确定】按钮完成设置。

5）单击【指定叶根圆角】按钮🔩，弹出【叶根圆角几何体】对话框，选择叶根圆角，如图 3-199 所示，单击【确定】按钮完成设置。

6）单击【进给率和速度】按钮🔩，弹出【进给率和速度】对话框，选择【主轴速度】复选框，并在文本框中输入 5000，在【切削】文本框中输入 1000，如图 3-200 所示，单击【确定】按钮完成设置。单击【操作】栏中的【生成】按钮📐，生成叶轮轮毂粗加工刀轨，如图 3-201 所示。

图 3-198 选择叶片几何体

图 3-199 选择叶根圆角几何体

图 3-200 【进给率和速度】对话框

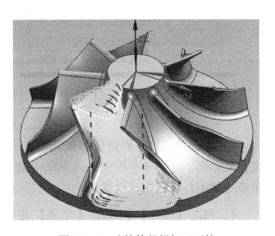

图 3-201 叶轮轮毂粗加工刀轨

四、叶轮轮毂精加工

1）单击【插入】下拉菜单中的【工序】命令，或者单击按钮 ，弹出【创建工序】对话框，在【类型】的下拉列表中选择【mill_multi_blade】；【工序子类型】选择第二个图标（轮毂精加工）；在【位置】选项栏中，【程序】选择【PROGRAM】，【刀具】选择【T2B4】，【几何体】选择【WORKPIECE】，【方法】选择【MILL_FINISH】，如图3-202所示，单击【应用】及【确定】按钮完成设置。

2）弹出【轮毂精加工】对话框，设置过程中轮毂、包覆面、叶片、叶根圆角的选择方法与【多叶片粗加工】设置过程中的选择方法相同。单击【驱动方法】中【轮毂精加工】按钮，弹出【轮毂精加工驱动方法】对话框，在【驱动设置】中，【切削模式】选择【往复上升】，【步距】选择【残余高度】，在【最大残余高度】文本框中输入0.005，如图3-203所示，单击【确定】按钮完成设置。

图3-202 【创建工序】对话框

图3-203 【轮毂精加工驱动方法】对话框

3）单击【进给率和速度】按钮，弹出【进给率和速度】对话框，选择【主轴速度】复选框，并在文本框中输入5000，在【切削】文本框中输入1000，如图3-204所示，单击【确定】按钮完成设置。

4）单击【操作】栏中的【生成】按钮，生成叶轮轮毂精加工刀轨，如图3-205所示。

图 3-205　叶轮轮毂精加工刀轨

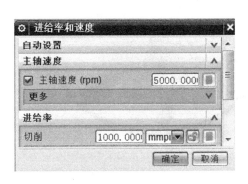

图 3-204　【进给率和速度】对话框

五、叶轮叶片精加工

1）单击【插入】下拉菜单中的【工序】命令，或者单击按钮，弹出【创建工序】对话框，在【类型】的下拉列表中选择【mill_multi_blade】；【工序子类型】选择第三个图标（叶片精加工）；在【位置】选项栏中，【程序】选择【PROGRAM】，【刀具】选择【T2B4】，【几何体】选择【WORKPIECE】，【方法】选择【MILL_FINISH】，如图 3-206 所示，单击【应用】及【确定】按钮完成设置。

2）弹出【叶片精加工】对话框，设置过程中轮毂、包覆面、叶片、叶根圆角的选择方法与【多叶片粗加工】设置过程中的选择方法相同。

3）单击【进给率和速度】按钮，弹出【进给率和速度】对话框，选择

图 3-206　【创建工序】对话框

【主轴速度】复选框，并在文本框中输入 5000，在【切削】文本框中输入 1000，如图 3-207 所示，单击【确定】按钮完成设置。

4）单击【操作】栏中的【生成】按钮，生成叶轮叶片精加工刀轨。如图 3-208 所示。

图 3-207 【进给率和速度】对话框

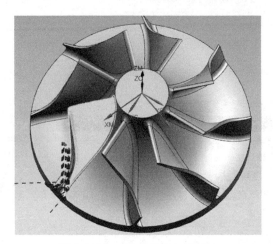

图 3-208 叶轮叶片精加工刀轨

六、叶轮叶根圆角精加工

1）单击【插入】下拉菜单中的【工序】命令，或者单击按钮 ，弹出【创建工序】对话框，在【类型】的下拉列表中选择【mill_multi_blade】；【工序子类型】选择第四个图标（圆角精加工）；在【位置】选项栏中，【程序】选择【PROGRAM】，【刀具】选择【T2B4】，【几何体】选择【WORKPIECE】，【方法】选择【MILL_FINISH】，如图 3-209 所示，单击【应用】及【确定】按钮完成设置。

2）弹出【圆角精加工】对话框，如图 3-210 所示。设置过程中轮毂、包覆面、叶片、叶根圆角的选择方法与【多叶片粗加工】设置过程中的选择方法相同。

图 3-209 【创建工序】对话框

图3-210 【圆角精加工】对话框

3）单击【进给率和速度】按钮，弹出【进给率和速度】对话框，选择【主轴速度】复选框，并在文本框中输入5000，在【切削】文本框中输入1000，如图3-211所示，单击【确定】按钮完成设置。

4）单击【操作】栏中的【生成】按钮，生成叶轮叶根圆角精加工刀轨，如图3-212所示。

图3-211　【进给率和速度】对话框

图3-212　叶轮叶根圆角精加工刀轨

5）选择所有已经生成的加工程序，右击选择【对象】及【变换】命令。弹出【变换】对话框，【类型】选择【绕点旋转】；【指定枢轴点】选择"圆心点"，【角度】文本框中输入45；【结果】选择【复制】，【非关联副本数】输入7，如图3-213所示。单击【确定】按钮生成8个叶轮的相关加工程序。

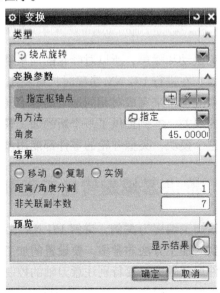

图3-213　【变换】对话框

七、后处理

对已经生成的刀轨文件右击,单击【后处理】命令,如图 3-214 所示。弹出【后处理】
对话框,选择合适的【后处理器】,如图 3-215 所示。单击【确定】按钮即可生成数控加工
代码。

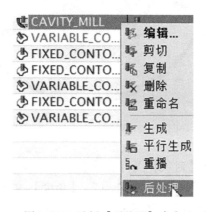

图 3-214　选择【后处理】命令

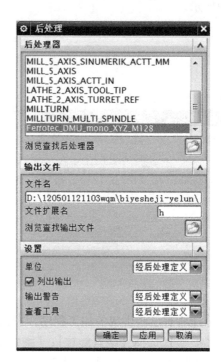

图 3-215　【后处理】对话框

八、单元小结

叶轮在工作过程中应避免振动和噪声,所以对叶轮的动平衡性能要求很高,在加工过程
中要综合考虑叶轮的对称问题。在进行 UG NX 编程时,可利用叶片、轮毂等关于叶轮旋转
轴的对称性,通过对某一元素的加工来完成对相同加工内容不同位置的操作。另外,应尽可
能减少由于装夹或换刀造成的误差。本例提供了一个新的加工模块——叶轮加工模块,可在
以后的实际操作中灵活运用这个模块,类似叶轮的零件都能用该模块来加工。

单元七　推进器螺旋转轮五轴加工编程

本单元以推进器螺旋转轮加工编程为案例,讲解 UG NX 软件五轴加工编程。推进器螺
旋转轮零件相对复杂,要用到的加工方法非常多,要设置的加工参数也非常多,还要结合螺
旋转轮模块来加工。整个零件尺寸较大,要特别注意刀轴的控制,防止刀具或主轴与工件或
夹具发生碰撞。该零件加工工序也比较复杂,应合理安排工艺过程,使用合适的加工方法。
该转轮的加工案例中将用到型腔铣、固定轮廓铣、可变轮廓铣,驱动方法会用到区域铣削驱

动、曲面驱动，刀轴控制会用到侧刃驱动体。

学习目标

◎了解推进器螺旋转轮的加工工艺。

◎掌握加工驱动几何体的创建。

◎掌握五轴曲面驱动方法。

◎掌握刀轴的控制方法。

◎熟悉 UG NX 软件叶轮模块的应用。

一、工作任务分析

图 3-216 所示为推进器螺旋转轮，该零件的毛坯高 150mm、直径 100mm，材料为 45 钢，螺旋转轮零件有六个叶片。螺旋转轮属于回转类型零件，因为两叶片之间的距离小，所以合理控制刀具轴是多轴程序编制的一个难点。螺旋转轮的毛坯外形可通过数控车床车削成形，而流道和叶片的成型加工则需要在五轴联动数控机床上完成。

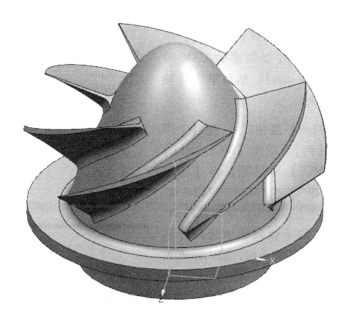

图 3-216　推进器螺旋转轮

推进器螺旋转轮的加工工艺见表 3-6。

表 3-6　推进器螺旋转轮的加工工艺

序号	加工工步	加工策略	加工刀具	公差/mm	余量/mm
1	螺旋转轮顶部粗加工	型腔铣	立铣刀 T1D10	0.01	0.5
2	螺旋转轮流道槽粗加工	多叶片粗加工	球头铣刀 T2B6	0.01	0.5
3	螺旋转轮流道槽精加工	轮毂精加工	球头铣刀 T2B6	0.01	0

(续)

序号	加工工步	加工策略	加工刀具	公差/mm	余量/mm
4	螺旋转轮顶部精加工	固定轮廓铣	球头铣刀 T2B6	0.01	0
5	螺旋转轮叶片精加工	可变轮廓铣	球头铣刀 T2B6	0.01	0
6	螺旋转轮底部精加工	可变轮廓铣	球头铣刀 T2B6	0.01	0

二、加工环境设置

1）双击桌面快捷方式图标 ，打开 UG NX 8.5 软件。在 UG NX 8.5 软件中单击【打开】按钮 ，或在【文件】的下拉菜单中单击【打开】命令，弹出【打开】对话框。选择"XZL.prt"文件（该文件包含于本书随赠的素材资源包中），单击【OK】按钮或单击鼠标中键，打开该文件，自动进入建模模块。

2）单击【开始】按钮 开始，单击【加工】命令 加工(N)...，弹出【加工环境】对话框，如图 3-217 所示。在【CAM 会话配置】中选择【cam_general】，在【要创建的 CAM 设置】中选择【mill_multi-axis】，然后单击【确定】按钮进入加工模块。

图 3-217 【加工环境】对话框

3）单击【几何视图】按钮 ，把【工序导航器】切换到【几何】。双击【MCS_MILL】 MCS_MILL 打开【MCS】对话框，将【指定MCS】设为"自动判断"，按〈Ctrl + Shift + B〉键显示毛坯，选择毛坯上表面为自动判断的面。在【安全设置选项】的下拉列表中选择【平面】，选择毛坯上表面为基础平面，输入距离数值 20，如图 3-218 所示，单击【确定】按钮完成坐标系设置。

4）单击【MCS_MILL】前面的 + 号，双击【WORKPIECE】 WORKPIECE 打开【工件】对话框，按〈Ctrl + Shift + B〉键显示部件，单击【指定部件】中的按钮 ，弹出【部件几何体】对话框，选择建模完成后的模型为部件，如图 3-219 所示，单击【确定】按钮完成设置。

5）按〈Ctrl + Shift + B〉键显示毛坯，单击【指定毛坯】中的按钮 ，弹出【毛坯几何体】对话框，在【类型】的下拉列表中选择【几何体】，选择创建好的毛坯，如图 3-220 所示，单击【确定】按钮。返回【工件】对话框，单击【确定】按钮完成部件与毛坯的设置，按〈Ctrl + Shift + B〉键显示部件。

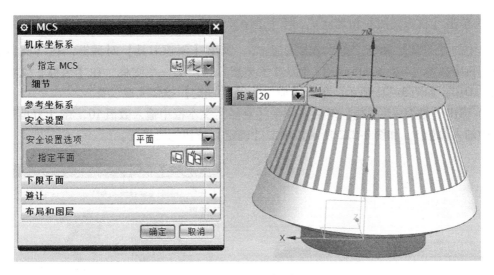

图 3-218　MCS 坐标系设置

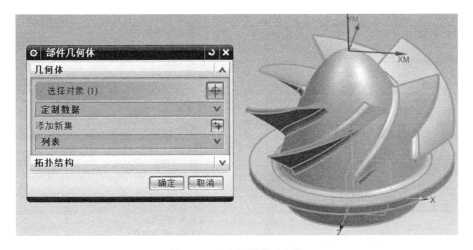

图 3-219　选择部件几何体

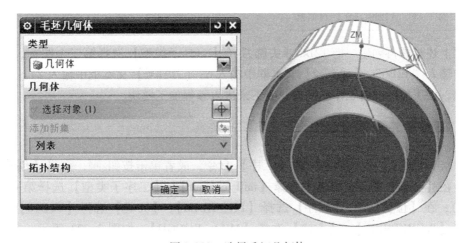

图 3-220　选择毛坯几何体

6）单击【机床视图】按钮，把【工序导航器】切换到【机床】，单击【插入】下拉菜单中的【刀具】命令，或者单击按钮，弹出【创建刀具】对话框，在【类型】的下拉列表中选择【mill_multi-axis】，【刀具子类型】选择第一个图标，在【名称】文本框中输入T1D10，如图3-221所示，单击【应用】及【确定】按钮完成设置。

7）弹出【铣刀-5参数】对话框，在【直径】文本框中输入数值10，在【刀具号】文本框中输入数值1，如图3-222所示，单击【确定】按钮完成设置。

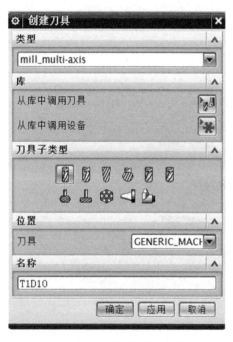

图3-221 【创建刀具】对话框

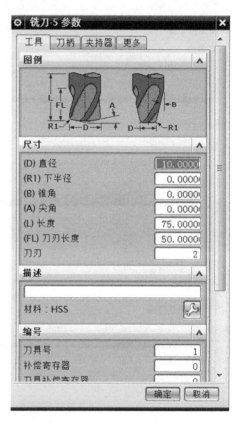

图3-222 【铣刀-5参数】对话框

根据上述步骤再创建一把T2B6球头铣刀（【刀具子类型】选择第三个图标，【名称】文本框中输入"T2B6"，【球直径】文本框中输入6，【刀具号】文本框中输入2）。

至此，加工前的准备工作已完成，接下来进入编程加工模块。

三、螺旋转轮顶部粗加工

1）单击【插入】下拉菜单中的【工序】命令，或者单击按钮，弹出【创建工序】对话框。在【类型】的下拉列表中选择【mill_contour】；【工序子类型】选择第一个图标（型腔铣）；在【位置】中，【程序】选择【PROGRAM】，【刀具】选择【T1D10】，【几何体】选择【WORKPIECE】，【方法】选择【MILL_ROUGH】，如图3-223所示，单击【应用】及【确定】按钮完成设置。

2）弹出【型腔铣】对话框，在【刀轨设置】中，【切削模式】选择【跟随周边】，【平面直径百分比】文本框中输入 80，【最大距离】文本框中输入 1，如图 3-224 所示。

图 3-223　【创建工序】对话框

图 3-224　【型腔铣】对话框

3）单击【切削层】中的按钮，弹出【切削层】对话框，在【范围定义】栏下【范围深度】的文本框中输入 17，如图 3-225 所示，单击【确定】按钮完成设置。

4）单击【进给率和速度】按钮，弹出【进给率和速度】对话框，选择【主轴速度】复选框，并在文本框中输入 5000，在【切削】文本框中输入 1000，如图 3-226 所示，单击【确定】按钮完成设置。

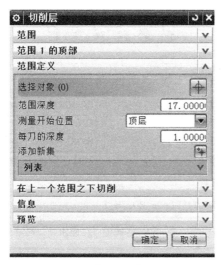

图 3-225　【切削层】对话框

图 3-226　【进给率和速度】对话框

5）单击【操作】栏中的【生成】按钮 ，生成螺旋转轮顶部粗加工刀轨，如图 3-227 所示。

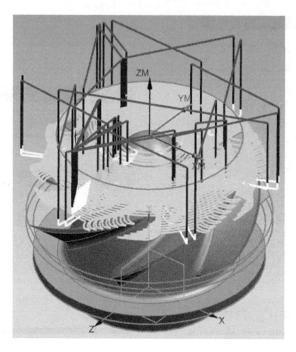

图 3-227　螺旋转轮顶部粗加工刀轨

四、螺旋转轮流道槽粗加工

1）单击【插入】下拉菜单中的【工序】命令，或者单击按钮 ，弹出【创建工序】对话框。在【类型】的下拉列表中选择【mill_multi_blade】；【工序子类型】选择第一个图标（多叶片粗加工）；在【位置】选项栏中，【程序】选择【PROGRAM】，【刀具】选择【T2B6】，【几何体】选择【WORKPIECE】，【方法】选择【MILL_ROUGH】，如图 3-228 所示，单击【应用】及【确定】按钮完成设置。

2）弹出【多叶片粗加工】对话框，单击【指定轮毂】按钮 ，弹出【轮毂几何体】对话框，选择轮毂，如图 3-229 所示，单击【应用】及【确定】按钮完成设置。

3）单击【指定包覆】按钮 ，弹出【包覆几何体】对话框，选择包覆面，如图 3-230 所示，单击【应用】及【确定】按钮完成设置。

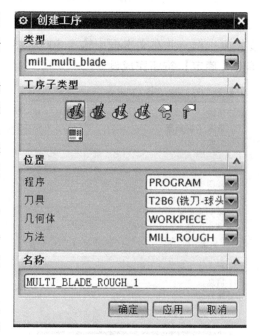

图 3-228　【创建工序】对话框

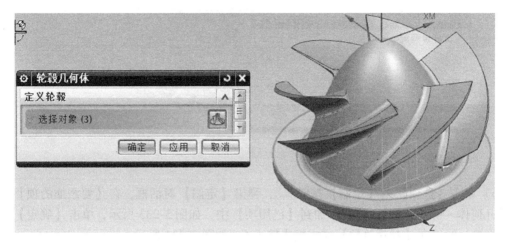

图 3-229　选择轮毂几何体

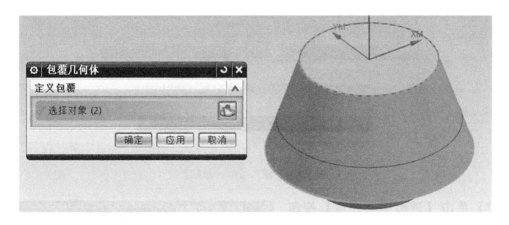

图 3-230　选择包覆几何体

4）单击【指定叶片】按钮 ，弹出【叶片几何体】对话框，选择叶片，如图 3-231 所示，单击【应用】及【确定】按钮完成设置。

图 3-231　选择叶片几何体

5）单击【指定叶根圆角】按钮 ，弹出【叶根圆角几何体】对话框，选择叶根圆角，如图 3-232 所示，单击【应用】及【确定】按钮完成设置。

图 3-232 选择叶根圆角几何体

6）单击【选项】中【定制】按钮 ▣，弹出【定制】对话框，在【要添加的项】中双击【几何体 – 叶片总数】，将其添加到【已用项】中，如图 3-233 所示，单击【确定】按钮完成设置。然后在【叶片总数】文本框中输入 6，如图 3-234 所示。

图 3-233 选择【要添加的项】和【已用项】

图 3-234 输入【叶片总数】

7）单击【进给率和速度】按钮 ⚹，弹出【进给率和速度】对话框，选择【主轴速度】复选框，并在文本框中输入 5000，在【切削】文本框中输入 1000，如图 3-235 所示，单击【确定】按钮完成设置。

8）单击【操作】栏中的【生成】按钮 ⚹，生成螺旋转轮流道粗加工刀轨。

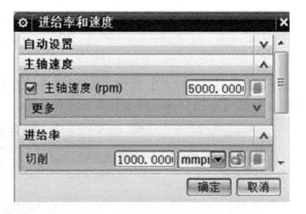

图 3-235 【进给率和速度】对话框

9）选择已经生成的螺旋转轮流道粗加工程序，右击选择【对象】及【变换】命令。弹出【变换】对话框，【类型】选择【绕点旋转】；【指定枢轴点】选择"圆心点"，【角度】文本框中输入 60；【结果】选择【复制】单选框，【非关联副本数】文本框中输入 5，如图 3-236 所示。

10）单击【确定】按钮生成 6 个螺旋转轮流道槽粗加工刀轨，如图 3-237 所示。

图 3-236　【变换】对话框

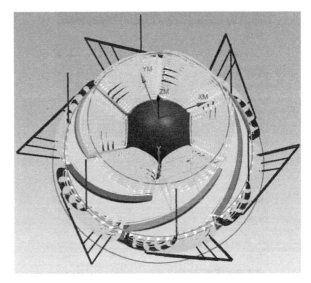

图 3-237　螺旋转轮流道槽粗加工刀轨

五、螺旋转轮流道槽精加工

1）单击【插入】下拉菜单中的【工序】命令，或者单击按钮，弹出【创建工序】对话框，在【类型】的下拉列表中选择【mill_multi_blade】；【工序子类型】选择第二个图标（轮毂精加工）；在【位置】中，【程序】选择【PRO-GRAM】，【刀具】选择【T2B6】，【几何体】选择【WORKPIECE】，【方法】选择【MILL_FINISH】，如图 3-238 所示，单击【应用】及【确定】按钮完成设置。

2）弹出【轮毂精加工】对话框，设置过程中轮毂、包覆面、叶片、叶根圆角的选择方法与【多叶片粗加工】设置过程中的选择方法相同。单击【驱动方法】中【轮毂精加工】按钮，弹出【轮毂精加工驱动方法】对话框，在【驱动设置】中，【切削模式】选择【往复上升】，【步距】选择【残余高度】，在【最大残余高度】文本框中输入 0.005，如图 3-239 所示，单击【确定】按钮完成设置。

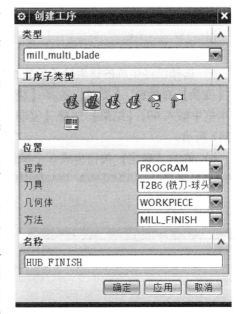

图 3-238　【创建工序】对话框

3）单击【进给率和速度】按钮，弹出【进给率和速度】对话框，选择【主轴速度】复选框，并在文本框中输入 5000，在【切削】文本框中输入 1000，如图 3-240 所示，单击【确定】按钮完成设置。

4）单击【操作】栏中的【生成】按钮，生成螺旋转轮轮毂精加工刀轨。

图 3-239 【轮毂精加工驱动方法】对话框

图 3-240 【进给率和速度】对话框

5）选择已经生成的螺旋转轮轮毂精加工程序，右击选择【对象】及【变换】命令。弹出【变换】对话框，【类型】选择【绕点旋转】；【指定枢轴点】选择"圆心点"，【角度】文本框中输入60；【结果】选择【复制】单选框，【非关联副本数】文本框中输入5，如图3-241 所示。

6）单击【确定】按钮生成6个螺旋转轮轮毂精加工刀轨，如图3-242 所示。

图 3-241 【变换】对话框

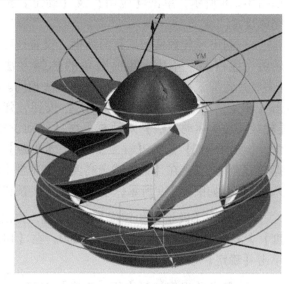

图 3-242 螺旋转轮轮毂精加工刀轨

六、螺旋转轮顶部精加工

1）单击【插入】下拉菜单中的【工序】命令，或者单击按钮，弹出【创建工序】对话框，在【类型】的下拉列表中选择【mill_contour】；【工序子类型】选择第七个图标（固定轮廓铣）；在【位置】中，【程序】选择【PROGRAM】，【刀具】选择【T2B6】，【几何体】选择【WORKPIECE】，【方法】选择【MILL_FINISH】，如图 3-243 所示，单击【应用】及【确定】按钮完成设置。

2）弹出【固定轮廓铣】对话框，单击【指定切削区域】中的按钮，弹出【切削区域】对话框，选择如图 3-244 所示的区域为切削区域，单击【确定】按钮完成设置。

图 3-243　【创建工序】对话框

图 3-244　选择切削区域

3）单击【指定修剪边界】中的按钮，弹出【修剪边界】对话框，【过滤器类型】选择【曲线边界】按钮，选择如图 3-245 所示的曲线为修剪边界，单击【确定】按钮完成设置。

4）在【驱动方法】中选择【区域铣削】，单击【编辑】按钮，弹出【区域铣削驱动方法】对话框，【切削模式】选择【往复】，【步距】选择【残余高度】，在【最大残余高度】文本框中输入 0.005，如图 3-246 所示，单击【确定】按钮完成设置。

5）单击【进给率和速度】按钮，弹出【进给率和速度】对话框，选择勾选【主轴

速度】复选框，并在文本框中输入5000，在【切削】文本框中输入1000，如图3-247所示，单击【确定】按钮完成设置。

6）单击【操作】栏中的【生成】按钮 ，生成螺旋转轮顶部精加工刀轨，如图3-248所示。

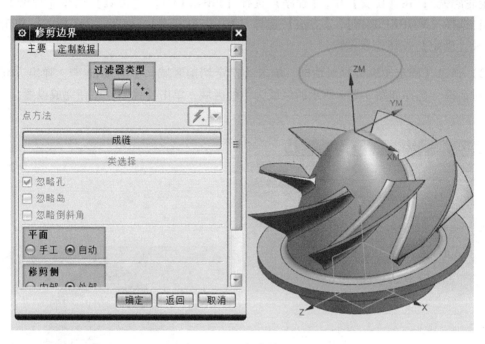

图3-245　选择修剪边界

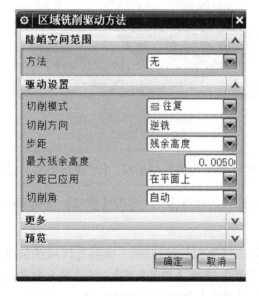

图3-246　【区域铣削驱动方法】对话框

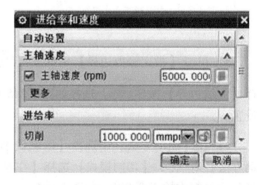

图3-247　【进给率和速度】对话框

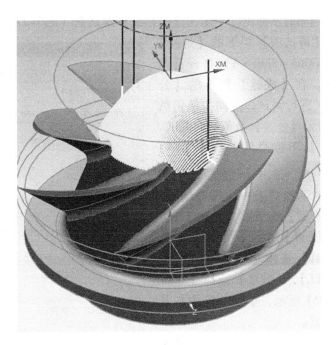

图 3-248　螺旋转轮顶部精加工刀轨

七、螺旋转轮叶片精加工

1) 生成螺旋转轮叶片精加工程序，需要删除模型上的圆角，因此应先另存一个文件，单击【文件】栏下的【另存为】命令，在【文件名】文本框中输入 XZL2.prt，单击【OK】按钮保存。在模型中选择圆角，右键选择【删除】，如图 3-249 所示。弹出【提示】框，如图 3-250 所示，单击【确定】按钮即可。

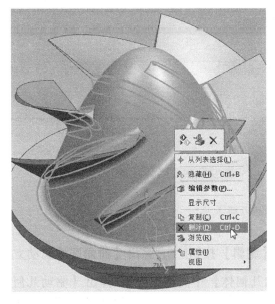

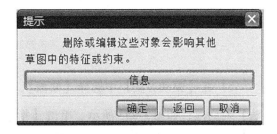

图 3-249　删除圆角　　　　　　　　　　　　图 3-250　【提示】信息

2）为了在选取曲面时不弹出【不能构建栅格线】对话框（图3-27），可以提前进行设置，单击工具栏中【首选项】栏下的【选择】命令，或按快捷键〈Ctrl + Shift + T〉打开【选择首选项】对话框，在【成链】栏下的【公差】中输入数值0.1进行调试，后期如果仍然无法构建栅格线则增大【公差】数值继续调试。

3）单击【插入】下拉菜单中的【工序】命令，或者单击按钮，弹出【创建工序】对话框，在【类型】的下拉列表中选择【mill_multi-axis】；【工序子类型】选择第一个图标（可变轮廓铣）；在【位置】中，【程序】选择【PROGRAM】，【刀具】选择【T2B6】，【几何体】选择【MCS_MILL】，【方法】选择【MILL_FINISH】，如图3-251所示，单击【应用】及【确定】按钮完成设置。

4）弹出【可变轮廓铣】对话框，单击【指定部件】中的按钮，弹出【部件几何体】对话框，在NX菜单栏下方的【选择条】中选

图3-251 【创建工序】对话框

择【面】，然后选择底面为部件，如图3-252所示，单击【确定】按钮完成设置。

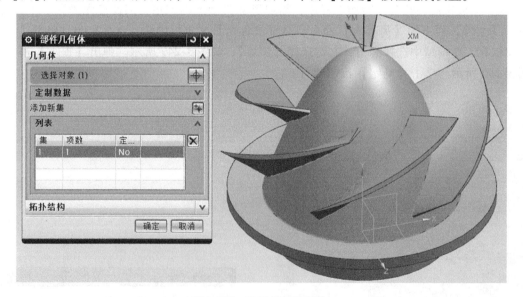

图3-252 选择部件几何体

5）在【驱动方法】中选择【曲面】，单击【编辑】按钮，弹出【曲面区域驱动方法】对话框，如图3-253所示。单击【指定驱动几何体】中的按钮，弹出【驱动几何体】对话框，选择叶片的四个侧面作为驱动几何体，单击【确定】按钮返回【曲面区域驱

动方法】对话框。选择合适的【切削方向】和【材料反向】，【步距数】文本框中输入0，单击【确定】按钮完成设置。

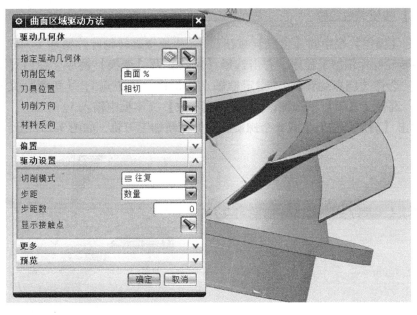

图 3-253　选择叶片的驱动面

6）在【刀轴】中选择【侧刃驱动体】，单击【指定侧刃方向】按钮 弹出【选择侧刃驱动方向】对话框，选择如图3-254所示方向，单击【确定】按钮完成设置。

7）单击【切削参数】按钮 ，弹出【切削参数】对话框，单击【多刀路】选项卡，在【部件余量偏置】文本框中输入20，选择【多重深度切削】复选框，在【步进方法】的下拉列表中选择【增量】，并在文本框中输入数值2，如图3-255所示，单击【确定】按钮完成设置。

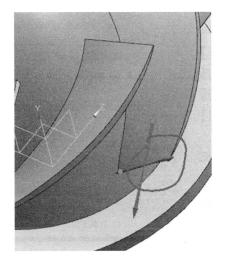

图 3-254　选择侧刃驱动方向

图 3-255　切削参数—多刀路

8）单击【进给率和速度】按钮，弹出【进给率和速度】对话框，选择【主轴速度】复选框，并在文本框中输入5000，在【切削】文本框中输入1000，如图3-256所示，单击【确定】按钮完成设置。

9）单击【操作】栏中的【生成】按钮，生成螺旋转轮叶片精加工刀轨。选择已经生成的螺旋转轮叶片精加工程序，右击选择【对象】及【变换】命令。弹出【变换】对话框，【类型】选择【绕点旋转】；【指定枢轴点】选择"圆心点"，【角度】文本框中输入60；【结果】选择【复制】单选框，【非关联副本数】文本框中输入5。

10）单击【确定】按钮生成6个螺旋转轮叶片精加工刀轨，如图3-257所示。

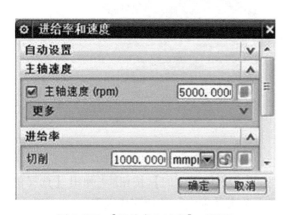

图3-256 【进给率和速度】对话框

图3-257 螺旋转轮叶片精加工刀轨

八、螺旋转轮底部精加工

1）单击【插入】下拉菜单中的【工序】命令，或者单击按钮，弹出【创建工序】对话框。在【类型】的下拉列表中选择【mill_multi-axis】；【工序子类型】选择第一个图标（可变轮廓铣）；在【位置】中，【程序】选择【PROGRAM】，【刀具】选择【T2B6】，【几何体】选择【MCS_MILL】，【方法】选择【MILL_FINISH】，如图3-258所示，单击【应用】及【确定】按钮完成设置。

2）弹出【可变轮廓铣】对话框，单击【指定部件】中的按钮，弹出【部件几何体】对话框，在NX菜单下方的【选择条】中选择【面】，然后选择底面为部件，如图3-259所示，单击【确定】按钮完成设置。

3）在【驱动方法】中选择【曲面】，单击【编

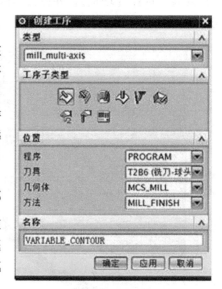

图3-258 【创建工序】对话框

辑】按钮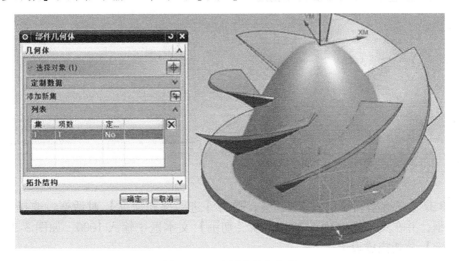，弹出【曲面区域驱动方法】对话框，如图3-260所示。单击【指定驱动几何体】中的按钮，弹出【驱动几何体】对话框，选择叶片的底面作为驱动几何体，单击【确定】按钮返回【曲面区域驱动方法】对话框。选择合适的【切削方向】和【材料反向】，【步距数】文本框中输入0，单击【确定】按钮完成设置。

图3-259　选择部件几何体

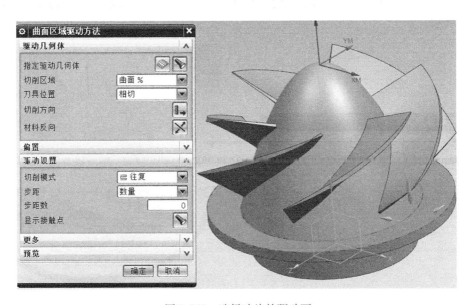

图3-260　选择叶片的驱动面

4）在【刀轴】中选择【侧刃驱动体】，单击【指定侧刃方向】按钮弹出【选择侧刃驱动方向】对话框，选择如图3-261所示方向，单击【确定】按钮完成设置。单击【切削参数】按钮，弹出【切削参数】对话框，单击【多刀路】选项卡，在【部件余量偏置】文本框中输入12，选择【多重深度切削】复选框，在【步进方法】的下拉列表中选择【增量】，并在文本框中输入数值2，如图3-262所示，单击【确定】按钮完成设置。

图 3-261　选择侧刃驱动方向

图 3-262　切削参数—多刀路

5）单击【进给率和速度】按钮，弹出【进给率和速度】对话框，选择【主轴速度】复选框，并在文本框中输入 5000，在【切削】文本框中输入 1000，如图 3-263 所示，单击【确定】按钮完成设置。

6）单击【操作】栏中的【生成】按钮，生成螺旋转轮底部精加工刀轨，如图 3-264 所示。

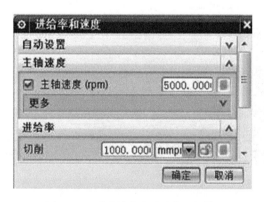

图 3-263　【进给率和速度】对话框

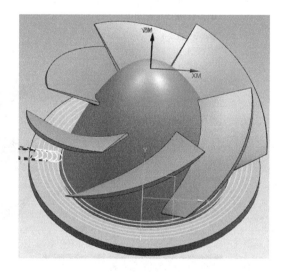

图 3-264　螺旋转轮底部精加工刀轨

九、螺旋转轮仿真加工

1）对【操作导航器 – 几何】中的所有程序右击，在弹出的快捷菜单中单击【刀轨】及【确认】命令，如图 3-265 所示。

2）弹出【刀轨可视化】对话框，切换到【2D 动态】选项卡，单击【播放】按钮，图形区以实体的形式进行仿真切削加工，如图 3-266 所示。

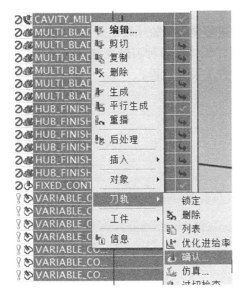

图 3-265　选择【刀轨】及【确认】命令

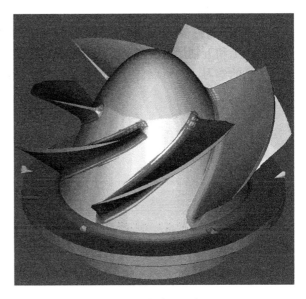

图 3-266　仿真切削加工

十、后处理

对已经生成的刀轨文件右击，单击【后处理】命令，如图 3-267 所示。弹出【后处理】对话框，选择合适的【后处理器】，如图 3-268 所示。单击【确定】按钮即可生成数控加工代码。

图3-267　选择【后处理】命令

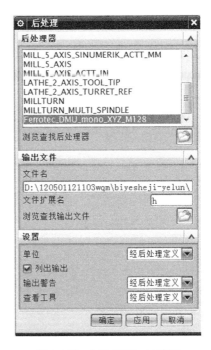

图 3-268　【后处理】对话框

多轴加工技术

十一、单元小结

　　本单元介绍了推进器螺旋转轮的数控加工过程。推进器螺旋转轮比较复杂，需要综合使用三轴加工和五轴加工技术来完成。学习的时候，需要仔细体会各种刀轴控制方法的特点。通过本章的学习，应可以自行完成类似转轮叶片产品的加工设计过程。

第 **4** 章

UG NX后置处理定制

UG NX 作为一款优秀的 CAD/CAM 软件，其功能几乎可以覆盖从设计到加工的方方面面。使用过程中可以利用 UG NX CAM 加工模块产生刀轨，但是不能直接将这种未修改过的刀轨文件传送给机床切削工件，这是因为机床的类型很多，每种类型的机床都有其独特的硬件性能和要求。此外，机床又受其控制器的控制，控制器接收刀轨文件并指挥刀具的运动或其他的行为（比如冷却液的开关），但控制器也无法接收未经格式处理的刀轨文件。因此，刀轨文件必须经过处理，使之适合不同机床/控制器的特定参数要求，这种处理过程就是所谓的后置处理。

本章学习要点：

1）后置处理的定义

2）后置处理的流程

3）五轴后置处理定制过程

单元一　五轴后置处理定制相关知识

近年来，五轴加工已应用到精密机械加工领域，工件一次装夹就可完成多面体的加工，配置五轴联动的高级数控系统还可以对复杂的空间曲面进行高精度加工。但由于机床具体结构、刀位文件不同，后置处理所得出的数控程序也不尽相同。后置处理在五轴加工中非常关键，本单元首先介绍五轴后置处理定制的相关知识。

学习目标

◎了解后置处理开发方法。

◎了解五轴机床属性。

◎了解五轴机床后置处理过程。

一、UG NX 后置处理开发方法

UG NX/Post Execute 和 UG NX/Post Builder 共同组成了 UG NX 加工模块的后置处理。UN XG 的加工后置处理模块使用户可方便地建立后置处理程序。后置处理最基本的两个要素是刀轨数据（Tool Path Data）和后处理器（Postprocessor）。

利用 UG NX/Post Execute 后处理器进行后置处理，有两种方法：①利用 MOM（Manufacturing Output Manager），②利用 GPM（Graphics Postprocessor Module）。

（一）MOM 的工作过程

1）刀轨源文件→Postprocessor→NC 机床。

2）MOM 后置处理是将 UG NX 的刀轨源文件作为输入，输入时需要两个文件，一个是 "Event Handler"，扩展名为 ".tcl"，包含一系列指令，用来处理不同的事件类型；另一个是 "Definition File"，扩展名为 ".def"，包含一系列机床、刀具的静态信息。这两个文件可以利用 UG NX 自带的工具 Post Builder 来生成。

3）当以上两个文件生成后，要将其加入到 "template_post.dat" 文件里才能使用，其格式如下：

fanuc，${UGII_CAM_POST_DIR}fanuc.tcl，${UGII_CAM_POST_DIR}fanuc.def

（二）GPM 的工作过程

1）刀轨源文件→CLSF→GPM POST→NC 机床。

2）GPM 后置处理也是将刀轨源文件作为输入，需要一个 MDF 文件（machine data file），即机床数据文件。MDF 文件也可以通过 UG NX 提供的工具 MDFG 来生成，其扩展名为 ".mdfa"。

利用 UG NX/Post Builder 进行后置处理的新建、编辑和修改时，生成以下三个文件：机床控制系统的功能和格式定义文件 "*.def"；用 Tcl 语言编写的控制机床运动的事件处理文件 "*.tcl"；利用 Post Builder 编辑器设置所有数据信息的参数文件 "*.pui"。

二、机床参数设置

用 UG/Post Builder 创建一个五轴 FANUC 控制系统后处理器，即典型的 A、B 摆角的五轴 FANUC 系统的后处理器。机床为五轴数控龙门铣床，单主轴结构，双摆动轴即双旋转头，采用的控制系统为 FANUC15 系统，其结构参数见表 4-1。

表 4-1 机床结构参数

参　数　项	参　数　值
机床尺寸	X：9000mm；Y：4000mm
行程	Z：1200mm；A：±120°；B：±110°
各轴的最大进给速度	15000mm/min
主轴的最大转速	24000r/min

机床的其他参数如下：

1）线性移动精度：各坐标轴数值精度为小数点后 3 位数，即 0.001。

2）两摆动轴轴心重合，无偏心。

1. 设置后置类型及机床结构类型

进入 Post Builder，新建一个后处理器，后处理文件名为 "new_post"，单位为 "Millimeters"，在机床类型中选择 "MILL" 和 "5 - Axis with Dual Rotary Heads"，即双旋转头五轴铣床，控制系统选为 Generic（基本设置与 FANUC 类似），如图 4-1 所示。

2. A、B 摆角参数设置

进入后续后置处理的参数设置，在机床特性（Machine Tool）选项卡中选中通用参数设置（General Parameters）节点，如图 4-2 所示。

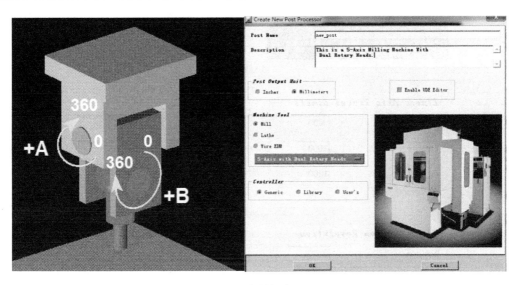

图 4-1　机床结构类型设置

在右侧窗口中按实际情况设置机床
行程等参数。首先设置 X、Y、Z 3 个线
性坐标轴的参数（Linear Axis Travel Lim-
its），然后设置线性插补精度（Linear
Motion Resolution）和最大进给速度
（Traversal Feed Rate），如图 4-3 所示。

注意圆弧导轨输出（Output Circular
Record）选项中一定选择"Yes"，这样
加工出来的曲面才不会出现马赛克平面，
才能符合要求。此时输出的加工曲面数
控代码为 G01、G02、G03，而不仅有

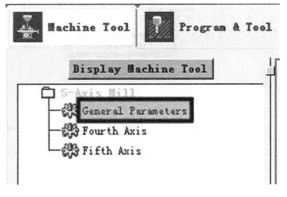

图 4-2　机床特性

G01。数控五轴机床作为高端设备，经常用于加工复杂曲面，此时圆弧导轨输出选项应选择
"Yes"；如果机床不加工复杂曲面，就要选择"No"，此时后处理器生成的数控程序简短而
高效，机床的加工效率非常高。

然后选中第 4 轴设置接点，在右侧窗口中可见旋转轴的设置对话框，如图 4-4 所示。首
先单击配置（Configure）命令按钮，在弹出的旋转轴配置窗口中设置第 4 轴和第 5 轴的转动
平面。如本例设置第 4 轴的转动平面为 YZ 平面，即绕 X 轴旋转，根据右手定则，该旋转轴
为 A 轴；第 5 轴的转动平面为 ZX 平面，即绕 Y 轴旋转，根据右手定则，该旋转轴为 B 轴。
缺省插补精度为 0.001，旋转坐标轴超程处理方式设为"退刀/重新进刀"方式。配置第 4
轴的其他相关参数，如每分钟最大旋转角度、偏心距、摆动距离、角度偏移值、摆动轴的旋
转方向、角度正负方向判断原则、摆动角度行程以及是否支持角度增量编程方式等。

同理，选中第 5 轴节点，设置相关参数，由于在配置第 4 轴时已经设置了第 5 轴的摆
动关系，故不需要重新配置第 5 轴。

完成设置后，单击节点树上方的显示机床设置（Display Machine Tool）按钮，即可查看

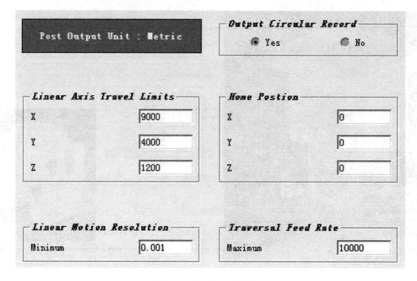

图 4-3　机床参数设置

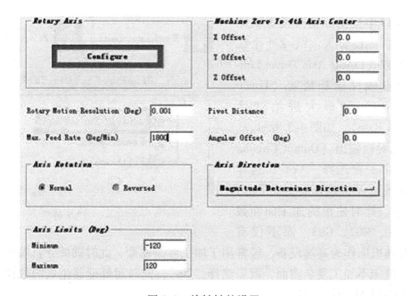

图 4-4　旋转轴的设置

设置的坐标轴是否满足要求。

三、刀库后处理

由于加工中心带有刀库，所以必须考虑刀库后处理，即换刀程序。刀库后处理方法主要有以下两种。

1. 简单的刀库换刀

简单的刀库换刀后处理，可以在 Post Builder 中的机床换刀事件中进行设置。

1）Tool Change 中定义 M06 指令用于换刀。注意必须在换刀事件中包含 M 代码，这样的设置才会起作用。

2）Configure 中定义刀具代码（T）的格式和含义，刀具代码格式和含义参见表 4-2。

表4-2　刀具代码格式和含义

格　式	含　义
Tool Number	仅输出刀号，如T01
Tool Number And Length Offset Number	输出刀号和长度补偿寄存器号，如T0102
Length Offset Number and Tool Number	输出长度补偿寄存器号和刀号，如T0201

3）在 Tool Number Minimum 与 Tool Number Maximum 中设置机床控制系统可以使用的最小刀号与最大刀号。

4）Time Tool Change 用于定义机床换刀时间，用于统计系统总加工时间。

5）Retract To Z of 指定在换刀时系统退刀到 Z 方向的坐标值。这个设置非常重要，因为不同的机床设置的换刀点不同。如果该值设置不当，就会造成换刀机械手与主轴或者刀具发生干涉。

2. 复杂、特殊刀库换刀

对于复杂、特殊刀库换刀后处理，可以利用 tcl 程序建立用户自定义命令，输出符合条件的换刀程序。至于 G 代码、M 代码、S 代码等通用数控代码，在创建后处理器时，已经自动生成了。特殊代码，简单的可以在后处理器中进行更改，复杂的可以在用户自定义命令中进行设置。

四、单元小结

UG NX 产生的刀轨文件必须进行后置处理，通常利用 UG NX 的后处理器能够生成满足一定机床控制系统要求的 NC 程序；但是有些机床（尤其是五轴加工中心）控制系统比较特殊，普通的 UG NX/Post Builder 产生的后处理文件不符合要求时，须利用 Custom Command（用户自定义命令）来处理，生成符合条件的 NC 程序，从而减少在实际应用中因后置处理不当所带来的损失（如撞刀和过切）。

单元二　五轴后置处理定制创建

因机床具体结构、刀位文件不同，五轴机床。后置处理所得出的数控程序也不尽相同。本单元以 DMU 60 monoBLOCK 机床后置处理创建为案例，讲解五轴后置处理创建的方法。

学习目标

◎了解机床参数设置。
◎了解程序头和程序尾的设置。
◎了解程序的自动换刀。
◎了解坐标系转换用户自定义命令。
◎熟悉其他后处理的常用命令。

一、工作任务描述

DMU 60 monoBLOCK 机床如图 4-5 所示。在创建后置处理器之前，必须了解机床各个轴的运动行程、G 代码和 M 代码。这些信息可以从 DMU 60 monoBLOCK 机床技术手册获得，并最好集中填写在一张后置处理登记表上，以便创建时快速查询信息和编辑时核对信息。

本单元只讲解五轴后置处理的创建方法，具体设置需要根据实际机床进行测试。DMU 60 monoBLOCK 机床的 B、C 轴为旋转轴。B 轴的角度范围为 -120°~30°，C 轴的角度范围 0°~360°。机床的 X、Y、Z 轴长度分别为 730（630）mm、560mm、560mm。DMU 60 monoBLOCK 机床的系统为 HEIDENHAIN iTNC530。

二、定制五轴后置处理

（一）后置处理设置准备

1. 选择【开始】→【程序】→【UG NX 6.0】→【加工工具】→【后处理构造器】命令，如图 4-6 所示，启动【后处理构造器】。

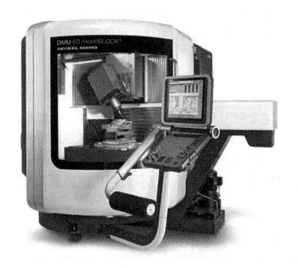

图 4-5　DMU 60 monoBLOCK 机床

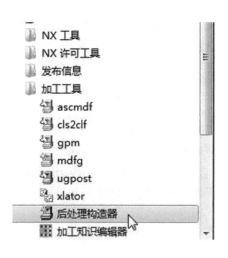

图 4-6　后处理构造器

2. 选择控制系统

1）在【后处理构造器】中，选择【文件】→【新建】命令，弹出【Create New Post Processor】对话框，如图 4-7 所示，在【Post Name】文本框中输入"DMU_5axis"。

2）在【Post Output Unit】栏中选择【Millimeters】。

3）在【Machine Tool】栏中选择【Mill】。

4）单击【3—Axis】选择条，选择【5 – Axis with Rotary Head and Table】。

5）在【Controller】栏中选择【Library】，并在下拉列表中选择【heidenhain_conversational】。

6）单击【OK】按钮完成机床基本信息的设置，弹出参数设置对话框。

3. 显示五轴机床简图

1）单击对话框中的【Display Machine Tool】按钮，显示机床简图，如图 4-8 所示。

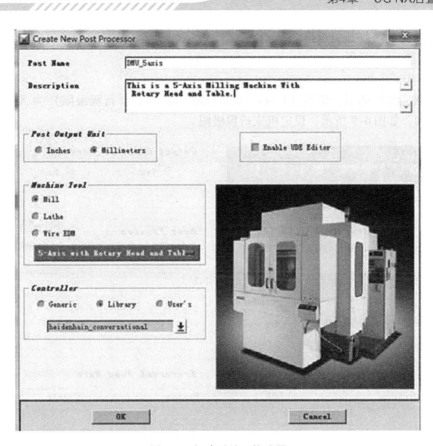

图 4-7　新建后处理构造器

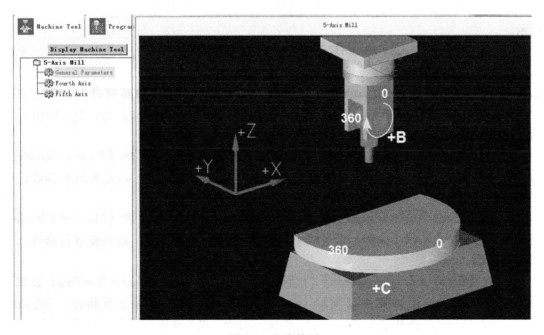

图 4-8　机床简图

2）检查简图内容与实际机床是否相符，如果不同，需要进行更改。

3）单击【关闭】按钮退出显示。

（二）机床参数设置

1. 设定机床参数

1）根据机床说明书，设置【Linear Axis Travel Limits】（行程极限）为 X = 730、Y = 560、Z = 560，如图4-9所示，设定机床行程极限。

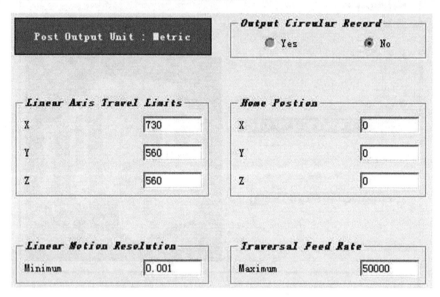

图4-9　设定机床行程极限

2）在【Traversal Feed Rate】栏中的【Maximum】文本框中输入数值50000，如图4-9所示。

3）将【Output Circular Record】设置为【No】，如图4-9所示。

2. 定义机床选择轴配置

1）单击左侧窗口中【Fourth Axis】选项，右侧显示出第四轴参数设置对话框，如图4-10所示。单击【Configure】按钮，弹出【Rotary Axis Configuration】对话框，如图4-11所示。

2）在【Rotary Axis Configuration】对话框中，检查【4th Axis】的【Plane of Rotation】是否为【ZX】，【Word Leader】文本框中是否为【B】。如果不是，则需要进行修改，如图4-11所示。

3）在【Rotary Axis Configuration】对话框中，检查【5th Axis】的【Plane of Rotation】是否为【XY】，【Word Leader】文本框中是否为【C】。如果不是，则需要进行修改，如图4-11所示。

4）在【Rotary Axis Configuration】对话框中，将【Axis Limit Violation Handling】设置为【Retract/Re - Engage】，如图4-11所示。B、C摆角的五轴加工中，由于B角有一定范围的限程，当B坐标连续插补过大时就会造成B反向旋转，很容易铣伤零件。为了解决这一问题，常用的方法是法向抬刀。

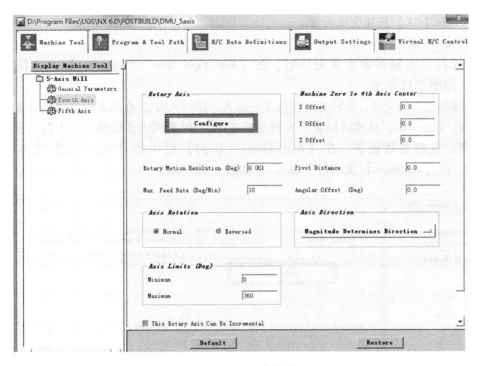

图 4-10　第四轴参数设置

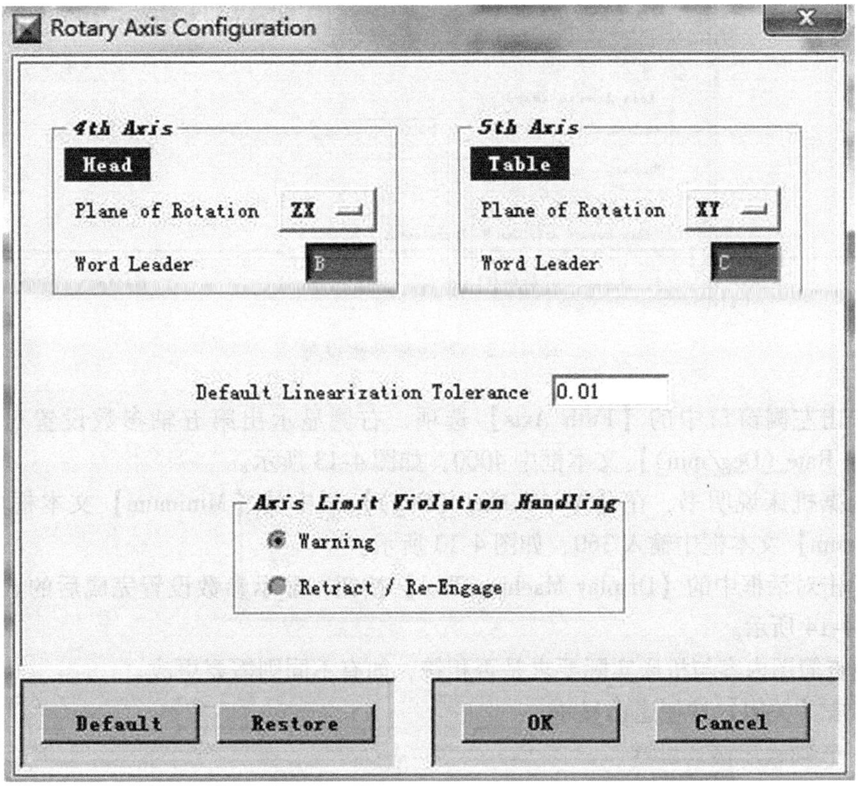

图 4-11　旋转轴配置对话框

5）单击【OK】按钮完成设置。

3. 设定旋转轴主要的参数

1）返回第四轴参数设置对话框，在【Max. Feed Rate（Deg/Min）】文本框中输入"4000"，如图 4-12 所示。

2）根据机床说明书，B 轴的旋转角度范围为 –120°～30°，在参数设置时将 B 轴旋转角范围设为 –120°～0°，这样可以防止 B 轴坐标在 0°～30°范围内连续插补过大时造成 B 轴的反向旋转。进行参数设置，在【Axis Limits（Deg）】栏中的【Minimum】文本框中输入 –120，在【Maximum】文本框中输入 0，如图 4-12 所示。

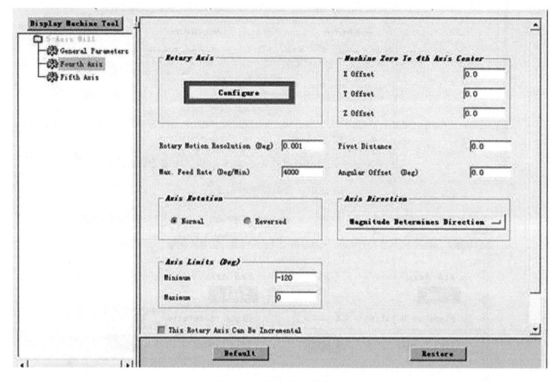

图 4-12　第四轴参数设置

3）单击左侧窗口中的【Fifth Axis】选项，右侧显示出第五轴参数设置对话框。在【Max. Feed Rate（Deg/min）】文本框中 4000，如图 4-13 所示。

4）根据机床说明书，在【Axis Limits（Deg）】栏中的【Minimum】文本框中输入 0，在【Maximum】文本框中输入 360，如图 4-13 所示。

5）单击对话框中的【Display Machine Tool】按钮，显示参数设置完成后的五轴机床简图，如图 4-14 所示。

6）检查简图内容与机床实际要求是否相符，如有不同则需要更改。

7）单击【关闭】按钮退出显示。

（三）五轴程序格式设置

1. 程序头设置

1）在【NX/Post Builder】编辑界面中，选择【Program &Tool Path】选项卡。

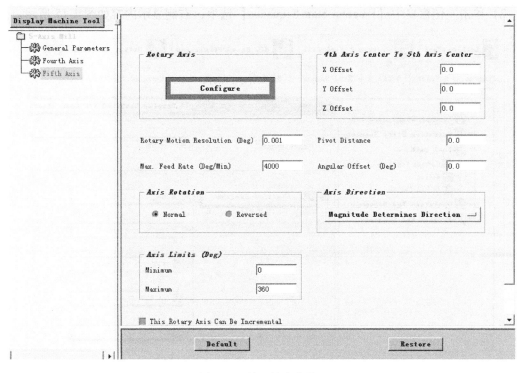

图 4-13 第五轴参数设置

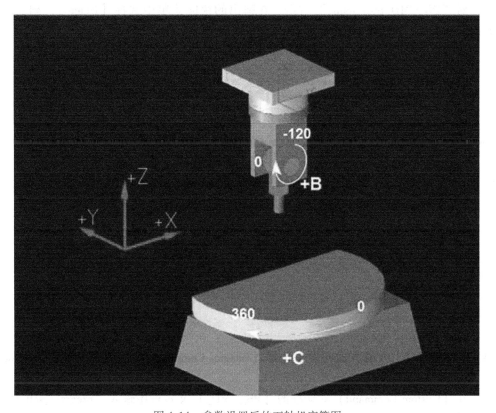

图 4-14 参数设置后的五轴机床简图

2）单击左侧窗口中【Program Start Sequence】选项，右侧显示内容如图 4-15 所示。

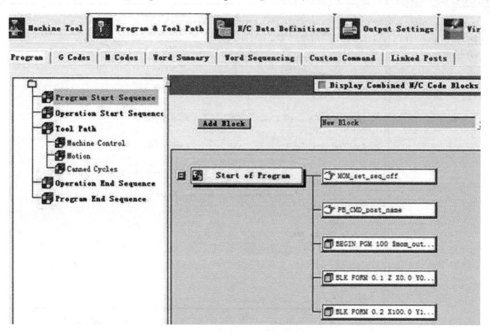

图 4-15　Program Start Sequence

3）对"PB_CMD_post_name"右击，在弹出的快捷菜单中选择【Delete】，删除"PB_ CMD_post_name"，如图 4-16 所示。

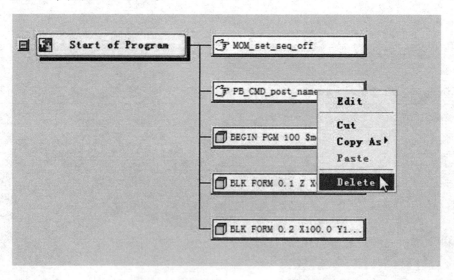

图 4-16　删除"PB_CMD_post_name"

4）在右侧窗口上方的下拉列表中选择【Custom Command】，将其添加到"Start of Pro- gram"节点最后面。

5）在【Custom Command】对话框的【PB_CMD_】文本框中输入"program_setting"，如图 4-17 所示。

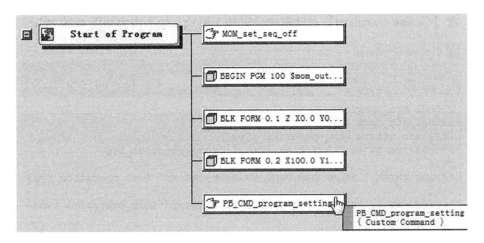

图 4-17 添加 "PB_CMD_program_setting"

6) 在【Custom Command】对话框中设定加工模式和公差，输入内容如图 4-18 所示。

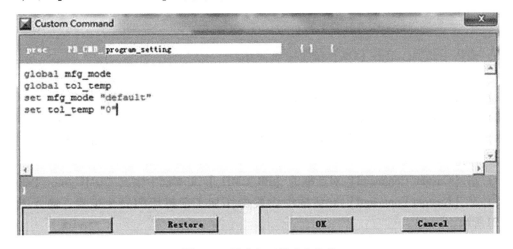

图 4-18 设定加工模式和公差

7) 确认无误后，单击【OK】按钮完成设置。

2. 判定 5 轴加工模式

1) 在【NX/Post Builder】编辑界面中，选择【Program &Tool Path】选项卡。

2) 单击左侧窗口中【Operation Start Sequence】选项。

3) 在右侧窗口上方的下拉列表中选择【Custom Command】，将其添加到【Start of Path】节点最后面。

4) 在【Custom Command】对话框的【PB_CMD_】文本框中输入 "DMU_mfg_mode"，如图 4-19 所示。

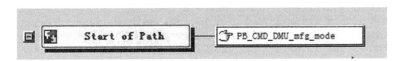

图 4-19 添加 "PB_CMD_DMU_mfg_mode"

5) 在【Custom Command】对话框中设定加工模式，输入内容如图 4-20 所示。

```
Custom Command

proc     PB_CMD_ DMU_mfg_mode                          { }    {

global mom_operation_type
global mfg_mode
if{[info exists mom_operation_type]}
if{[[string match "Variable-axis *" $mom_operation_type
]||[
string match "Sequential Mill Main Operation" $mom_operation_type
]||[
string match "Variable-axis Z-Level Milling" $mom_operation_type
]}{
set mfg_mode "5_axis"
}else{
set mfg_mode "3+2_axis"
}
}
```

图 4-20   设定 5 轴加工模式程序

6) 确认无误后，单击【OK】按钮完成设置。

3. 添加程序前的固定格式

1) 在【NX/Post Builder】编辑界面中，选择【Program & Tool Path】选项卡。

2) 单击左侧窗口中【Operation Start Sequence】选项。

3) 在右侧窗口上方的下拉列表中选择【Custom Command】，将其添加到【Start of Path】节点最后面。

4) 在【Custom Command】对话框的【PB_CMD_】文本框中输入"DMU_start_Path"。

5) 在【Custom Command】对话框中设置操作加工前机床的安全位置，输入内容如图 4-21 所示。

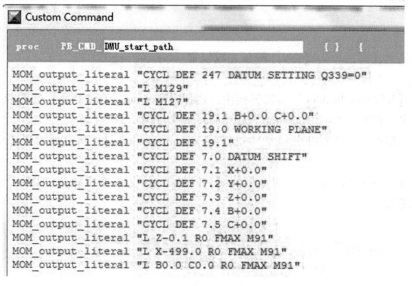

图 4-21   设定程序前的固定格式

6) 确认无误后，单击【OK】按钮完成设置。

4. 添加加工公差

1) 在【NX/Post Builder】编辑界面中，选择【Program & Tool Path】选项卡。

2) 单击左侧窗口中【Operation Start Sequence】选项。

3) 在右侧窗口上方的下拉列表中选择【Custom Command】，将其添加到【Start of Path】节点最后面。

4) 在【Custom Command】对话框的【PB_CMD_】文本框中输入"DMU_start_of_path_tolerance"，如图4-22所示。

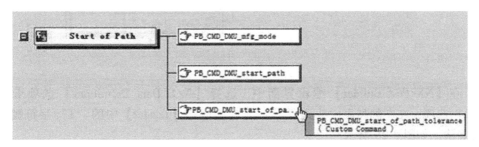

图4-22　添加"PB_CMD_DMU_start_of_path_tolerance"

5) 在【Custom Command】对话框中输入程序，如图4-23所示。

```
proc  PB_CMD_DMU_start_of_path_tolerance  {}  {
global mom_inside_outside_tolerances
global mom_operation_type
global tol_temp
global mfg_mode
if{[
string match "Point to Point " $mom_operation_type
]||[
string match "Hole Making " $mom_operation_type
]}{
return}
set intol[format "%.4f" $mom_inside_outside_tolerances(0)]
set outtol[format "%.4f" $mom_inside_outside_tolerances(1)]
set tol[expr$mom_inside_outside_torerances(0)+ $mom_inside_outside_tolerances(1)]
set tol[format "%.3f" $tol]
set tol_a[expr$tol * 10]
set tol_a[format "%.2f" $tol]
if{$tol>0.05}{set hsc"HSC-MODE:1"}else{set hsc"HSC-MODE:0"}
if{$tol==$tol_temp}{return}
set tol_temp $tol
MOM_output_literal "CYCL DEF 32.0 TOLERANCE"
MOM_output_literal "CYCL DEF 32.1 T$tol"
if{[info exists mfg_mode]}{
if{[string match "5_axis" $mfg_mode]}{
MOM_output_literal "CYCL DEF 32.2 HSC-MODE:0 TA $tol"
}else{return}
```

图4-23　添加加工公差程序设置

6) 确认无误后，单击【OK】按钮完成设置。

5. 调刀格式定义

机床程序中，调刀格式形如"TOOL CALL 1 Z S4500"，所以要将【Post】调刀程序中刀号前面的"T"字符去掉，调整前的调刀格式如图4-24所示。

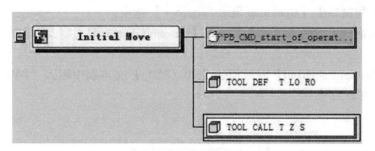

图 4-24　调刀格式

1）在【NX/Post Builder】编辑界面中，选择【N/C Data Definitions】选项卡。单击［WORD］选项，在左侧列表中找到"T"，将右侧窗口【Leader】中的"T"字符删除，按回车键确认，如图4-25所示。

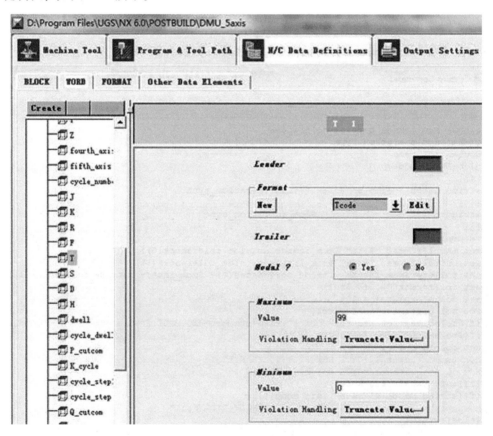

图 4-25　删除刀具字符"T"

2）再次单击【Program & Tool Path】选项卡，核查调刀格式中"T"字符是否已不存在，如图4-26所示。

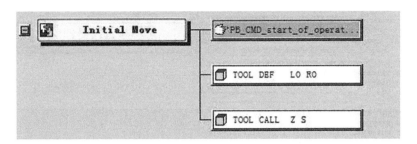

图 4-26　核查调刀格式

6. 定义 3 + 2 加工模式中的坐标系旋转

1）在【NX/Post Builder】编辑界面中，选择【Program &Tool Path】选项卡。

2）单击左侧窗口中【Operation Start Sequence】选项。

3）在右侧窗口上方的下拉列表中选择【Custom Command】，将其添加到【Initial Move】节点最后面。

4）在【Custom Command】对话框的【PB_CMD_】文本框中输入"DMU_set_csys"，如图 4-27 所示。

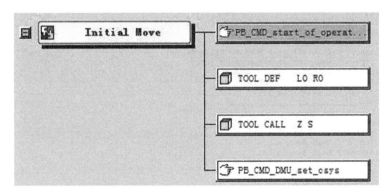

图 4-27　添加坐标系旋转命令模块

5）在【Custom Command】对话框中输入程序，如图 4-28 所示。

6）确认无误后，单击【OK】按钮完成设置。

7. 定义五轴联动加工时坐标的输出

1）在【NX/Post Builder】编辑界面中，选择【Program &Tool Path】选项卡。

2）单击左侧窗口中【Operation Start Sequence】选项。

3）在右侧窗口上方的下拉列表中选择【Custom Command】，将其添加到【Initial Move】节点最后面。

4）在【Custom Command】对话框的【PB_CMD_】文本框中输入"DMU_RTCP"，如图 4-29 所示。

5）在【Custom Command】对话框中输入程序，如图 4-30 所示。

6）确认无误后，单击【OK】按钮完成设置。

8. 操作命令模块复制

1）将【PB_CMD_DMU_set_csys】复制到【First Move】节点后面。

```
Custom Command
proc    PB_CMD_DMU_set_csys    () {

global mom_kin_coordinate_system_type
global mom_operation_type
global mfg_mode
global mom_pos
global RAD2DEG
global mom_out_angle_pos
global mom_prev_out_angle_pos
global mom_mcs_goto
set csys_mode "MAIN"
set mom_sys_coordinate_systems_status $mom_kin_coordinate_system_type
set decimals 4
set rotary_decimals 3
set X [format " %.${decimals}f " $mom_mcs_goto(0)]
set Y [format " %.${decimals}f " $mom_mcs_goto(1)]
set Z [format " %.${decimals}f " $mom_mcs_goto(2)]
set Xn [format "%.${decimals}f " $mom_pos(0)]
set Yn [format "%.${decimals}f " $mom_pos(1)]
set Zn [format "%.${decimals}f " $mom_pos(2)]
if{[string match "MAIN" $csys_mode]){
set A [format "% .3f" 0]
set B [format "% .3f" $mom_out_angle_pos(0)]
set C [format "% .3f" $mom_out_angle_pos(1)]
}


if{[info exists mom_kin_coordinate_system_type]){
if{[string match $csys_mode $mom_kin_coordinate_system_type]&&[string match "3+2_axis" $mfg_mode])
{
MOM_output_literal " CYCL DEF 7.0 DATUM SHIFT "
MOM_output_literal " CYCL DEF 7.1 X0 "
MOM_output_literal " CYCL DEF 7.2 Y0 "
MOM_output_literal " CYCL DEF 7.3 Z0 "
MOM_output_literal " CYCL DEF 19.0 WORKING PLANE "
MOM_output_literal " CYCL DEF 19.1 B$B C$C "
MOM_output_literal " L B+Q120 C+Q122 FMAX "
MOM_output_literal " L X$Xn Y$Yn FMAX "
MOM_output_literal " L Z$Zn FMAX "
 }
else{
MOM_output_literal " M129 "
MOM_output_literal " L B$B C$C FMAX "
MOM_output_literal " M128 "
MOM_output_literal " M126 "
MOM_output_literal " L X$X Y$Y Z$Z FMAX "
set mom_pos(0) $mom_mcs_goto(0)
set mom_pos(1) $mom_mcs_goto(1)
set mom_pos(2) $mom_mcs_goto(2)
MOM_suppress off fourth_axis fifth_axis}
 }
}
```

图 4-28　坐标系旋转设定

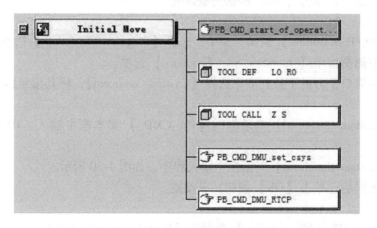

图 4-29　添加"PB_CMD_DMU_RTCP"

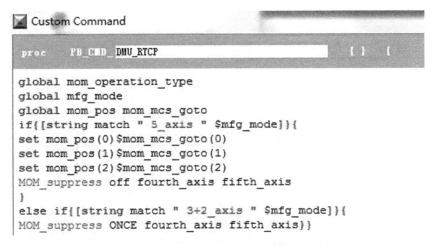

图 4-30 五轴联动加工坐标输出

a 选择【Initial Move】中的【PB_CMD_DMU_set_csys】，右键选择【Copy As】，单击【Referenced Block（s）】命令，如图 4-31 所示。

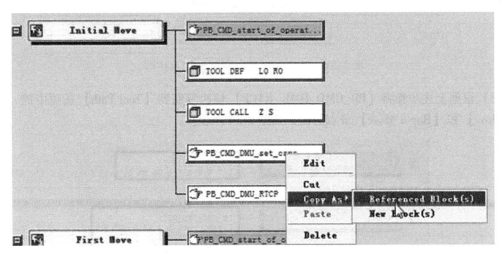

图 4-31 复制【PB_CMD_DMU_set_csys】

b 选择【First Move】节点，右键选择【Paste】，单击【After】命令完成操作，如图 4-32 所示。

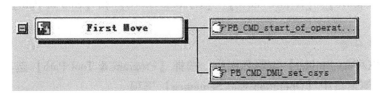

图 4-32 粘贴【PB_CMD_DMU_set_csys】

2）根据上述步骤将【PB_CMD_DMU_RTCP】依次复制到【First Move】、【Approach

Move】、【Engage Move】、【First Cut】和【First Linear Move】节点后面，如图4-33所示。

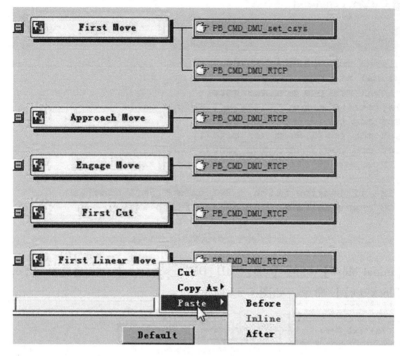

图4-33　复制粘贴【PB_CMD_DMU_RTCP】

3）根据上述步骤将【PB_CMD_DMU_RTCP】依次复制到【Tool Path】选项中的【Linear Move】和【Rapid Move】节点后面，如图4-34所示。

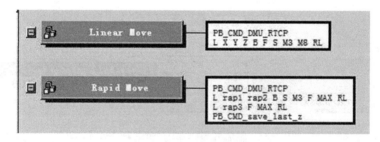

图4-34　复制【PB_CMD_DMU_RTCP】至【Tool Path】

4）根据上述步骤将【PB_CMD_DMU_RTCP】依次复制到【Operation End Sequence】选项中的【Retract Move】、【Return Move】、【Gohome Move】和【End of Path】节点后面，如图4-35所示。

9. 操作结束命令

1）在【NX/Post Builder】编辑界面中，选择【Program & Tool Path】选项卡。

2）单击左侧窗口中【Operation End Sequence】选项。

3）在右侧窗口上方的下拉列表中选择【New Block】，将其添加到【End of Path】节点最后面。

4）在【Block Name】文本框中输入 "end_of_path_1"，如图4-36所示。

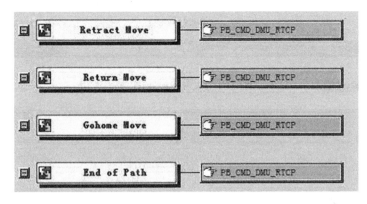

图4-35　复制【PB_CMD_DMU_RTCP】至【Operation End Sequence】

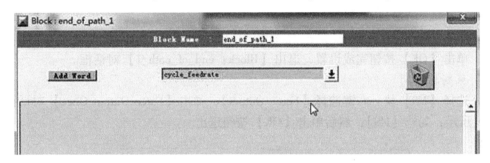

图 4-36　添加【New Block】

5）在【Add Word】对话框下拉【准备功能字】列表中依次选择【More】→【M_cool-ant】→【M9_Coolant Off】，如图 4-37 所示。

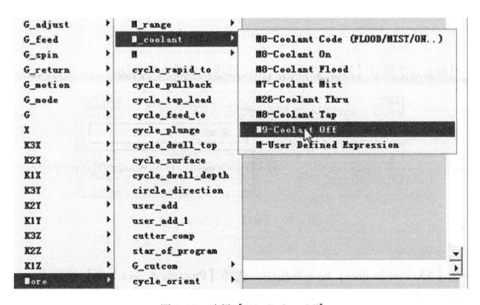

图 4-37　选择【M9_Coolant Off】

6）单击【Add Word】按钮，将【M9】拖放到下面的位置，如图 4-38 所示。

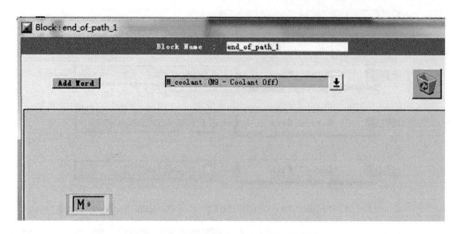

图 4-38　增加【M9_Coolant Off】命令

7）单击【OK】按钮完成设置，退出【Block：end_of_path_1】对话框。

10. 强制输出

1）选择【M9】块，右键选择【Force Output】，弹出【Force Output Once】对话框，如图 4-39 所示，勾选【M9】，然后单击【OK】按钮退出。

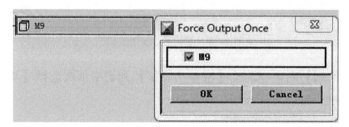

图 4-39　【M9】命令强制输出

2）根据上述步骤对【M5】进行强制输出处理，如图 4-40 所示。

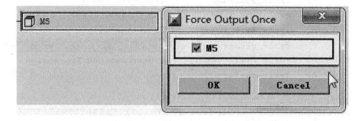

图 4-40　【M5】命令强制输出

11. 定义程序尾

1）在【NX/Post Builder】编辑界面中，选择【Program & Tool Path】选项卡。

2）单击左侧窗口中【Program End Sequence】选项。

3）在右侧窗口上方的下拉列表中选择【Custom Command】，将其添加到【End of Program】节点中位置。

4）在【Custom Command】对话框【PB_CMD_】文本框中输入"DMU_end_program"。

5）在【Custom Command】对话框中输入程序，如图4-41所示。

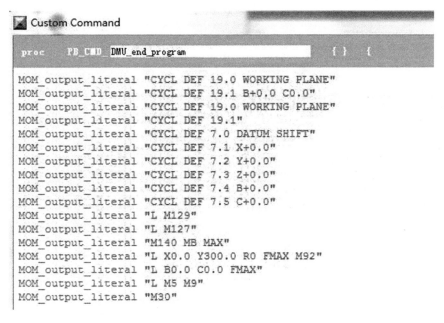

图4-41　添加"DMU_end_program"

6）确认无误后，单击【OK】按钮完成设置。

7）选择【File】→【Save】命令，保存后处理文件。

（四）后处理验证

1. 打开后处理模板文件

在【Post Builder】中选择【Utilities】→【Edit Template Posts Data File】命令，弹出目前可用的后处理文件，如图4-42所示。

2. 添加后处理文件

1）单击【Install Posts】对话框中最后一行义本。

2）单击【New】按钮，在用户目录下输入文件名为"5axis817-3"pui文件，单击【OK】按钮返回。

3）单击【Edit】按钮编辑文本，将"＄｛UGH_CAM_POST_DIR｝"内容改为用户目录，如图4-43所示，单击【OK】按钮完成设置。

4）再次单击【OK】按钮，在弹出的对话框中单击【保存】按钮，替换已有的文件。

5）将【Post Builder】对话框最小化。

3. 打开UG NX软件，对程序进行后置处理，验证"Post"

1）打开UG NX软件，并打开"Test_5axis.prt"文件。

2）选择【Application】→【Manufacturing】命令，进入加工环境。

3）打开操作导航器，如图4-44所示。

4）选择【VARIABLE_CONTOUR】操作，右键选择【后处理】命令，如图4-45所示。

5）在【后处理】对话框的【后处理器】栏中拖动右侧滚动条，检查刚刚建立的后处理器是否已在列表框中，如图4-46所示。如果没有，则重复前面步骤进行检查。

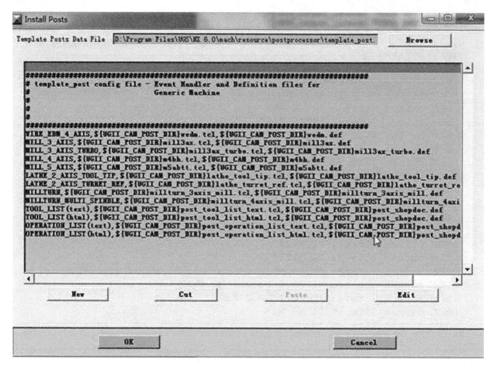

图 4-42　编辑后处理文件模板

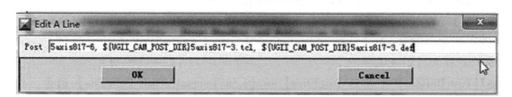

图 4-43　用户目录修改对话框

6）单击【后处理器】列表框中刚建立的后处理器。如果需要使用添加到"Postprocessor"列表框中的后处理器，需要单击【浏览查找后处理器】，选择新的后处理文件。

7）在【输出文件】选项栏中，单击【浏览查找一个输出文件】设置文件存放的位置。

8）在【设置】选项栏中将【单位】设置为【公制/部件】。

图 4-44　操作导航器

9）单击【确定】按钮。

4. 检查程序

1）在弹出的【信息】窗口中，检查程序的开头和结尾是否和 Post Builder 中设定的一样，如图 4-47 所示。

图 4-45　后处理选择

图 4-46　后处理

```
BEGIN PGM model6 MM
BLK FORM 0.1 Z X0.0 Y0.0 Z-20.
BLK FORM 0.2 X100. Y100. Z0.0
CYCL DEF 247 DATUM SETTING Q339=0 ;DATUM NUMBER
M127
M129
CYCL DEF 7.0 DATUM SHIFT
CYCL DEF 7.1 X+0
CYCL DEF 7.2 Y+0
CYCL DEF 7.3 Z+0
CYCL DEF 19.0 WORKING PLANE
CYCL DEF 19.1 A+0 B+0 C+0 F9999
CYCL DEF 19.0 WORKING PLANE
CYCL DEF 19.1
; VARIABLE_CONTOUR
TOOL CALL 0 Z S0 DL+0 DR+0
;(ToolName=BALL_MILL DESCRIPTION=Milling Tool-Ball Mill)
;(D=6.00 R=3.00 F=50.00 L=75.00)
L X1 Y-1 Z-1 R0 FMAX M91
/LBL 101
L M126
...
L M127 ; SHORTER PATH TRAVERSE OFF
L M129 ; TCPM OFF
/LBL 0
M5
M9
L X1 Y-1 Z-1 R0 FMAX M91
L B0 C0 R0 FMAX
STOP M30
END PGM model6 MM
  ;(Total Operation Machine Time : 4.54 min )
```

图 4-47　"信息"窗口

2）如果程序头和程序结尾与之前设置的不同，则重复前面的步骤进行检查。

3）关闭【信息】窗口。

三、单元小结

通过对 DMU 60 monoBLOCK 机床后置处理创建方法的讲解，了解和掌握五轴后置处理方法，做到举一反三，触类旁通。DMU 60 monoBLOCK 后处理器文件包含于本书随赠的素材资源包中。

附　录
多轴加工训练习题

1. 利用四轴加工技术，刀轴矢量方向选择"远离直线"，驱动方式选择"曲面驱动"，完成对如图 1 所示的叶片零件的粗、精加工。

　　要求：1）根据图示标注定义工件大小。

　　　　　2）粗加工：刀具参数、加工参数、加工方式自定义。

　　　　　3）精加工：刀具参数、加工参数、加工方式自定义。

　　　　　4）生成海德汉系统数控加工程序并保存。

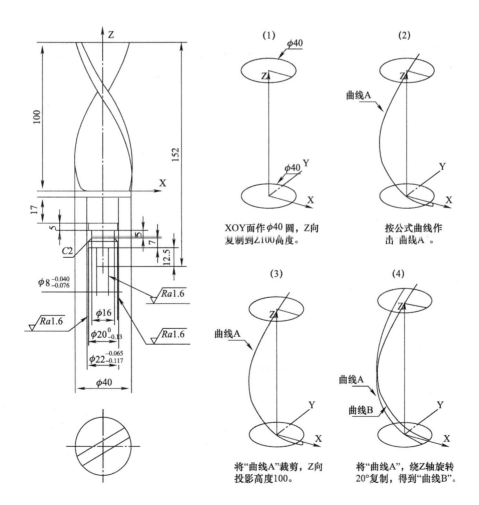

(1) XOY面作 $\phi40$ 圆，Z向复制到Z100高度。

(2) 按公式曲线作出 曲线A 。

(3) 将"曲线A"裁剪，Z向投影高度100。

(4) 将"曲线A"，绕Z轴旋转20°复制，得到"曲线B"。

图　1

(5)　　　　　　　　　(6)　　　　　　　　　(7)

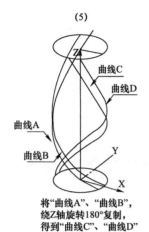

曲线C

曲线D

曲线A

曲线B

将"曲线A"、"曲线B"，
绕Z轴旋转180°复制，
得到"曲线C"、"曲线D"

用"曲线A"、"曲线D"作直
纹面，"曲线B"、"曲线C"
作直纹面。

曲线A：三维螺旋线公式
t范围：0～6.28
X=20*sin(t)
Y=20*cos(t)
Z=10*(t*t/3.41159)-10

两曲面与XOY平面之间作
过渡圆弧R4.5。

图　1（续）

2. 利用五轴加工技术，完成对如图2所示的叶轮零件的粗、精加工，图形中心为系统坐标系的原点。

要求：1）根据图示标注定义工件大小。

2）粗加工：刀具参数、加工参数、加工方式自定义。

3）精加工：刀具参数、加工参数、加工方式自定义。

4）生成海德汉系统数控加工程序并保存。

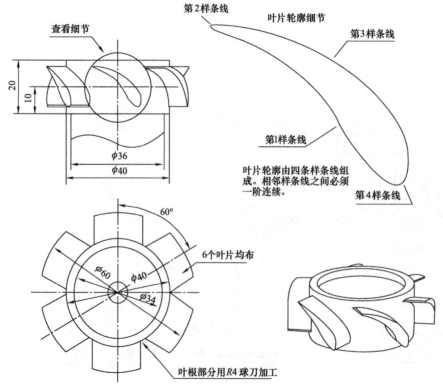

查看细节

第2样条线

叶片轮廓细节

第3样条线

20

10

ϕ36

ϕ40

60°

ϕ60　ϕ40

ϕ34

6个叶片均布

叶根部分用R4球刀加工

第1样条线

第4样条线

叶片轮廓由四条样条线组
成。相邻样条线之间必须
一阶连续。

图　2

第1样条线数据		
X	Y	Z
7.3932	0	-7.0739
4.735	0	-4.757
1.388	0	0.417
-9.725	0	7.332

第2样条线数据		
-9.725	0	7.332
-9.836	0	7.447
-9.846	0	7.607
-9.749	0	7.734
-9.593	0	7.768

第3样条线数据		
-9.593	0	7.768
5.634	0	1.630
9.184	0	-4.383
8.9249	0	-6.5121

第4样条线数据		
8.9249	0	-6.5121
8.6966	0	-6.9257
8.3040	0	-7.1884
7.8347	0	-7.2418
7.3932	0	-7.0739

3. 利用五轴加工技术，完成对如图 3 所示的吹塑模具零件（该零件包含于本书随赠的素材资源包中）的粗、精加工，图形中心为系统坐标系的原点。

要求：1）根据图示模型定义工件大小。

2）粗加工：刀具参数、加工参数、加工方式自定义。

3）精加工：刀具参数、加工参数、加工方式自定义。

4）生成海德汉系统数控加工程序并保存。

图　3

4. 利用五轴加工技术，完成对如图 4 所示的艺术品（该零件包含于本书随赠的素材资源包中）的粗、精加工，图形中心为系统坐标系的原点。

要求：1）根据图示模型定义工件大小。

2）粗加工：刀具参数、加工参数、加工方式自定义。

3）精加工：刀具参数、加工参数、加工方式自定义。

4）生成海德汉系统数控加工程序并保存。

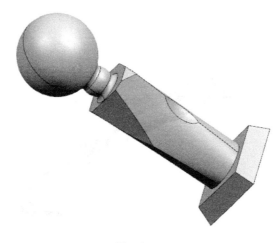

图　4

5. 利用五轴加工技术，完成对如图 5 所示的艺术品（该零件包含于本书随赠的素材资源包中）的粗、精加工，图形中心为系统坐标系的原点。

要求：1）根据图示模型定义工件大小。

2）粗加工：刀具参数、加工参数、加工方式自定义。

3）精加工：刀具参数、加工参数、加工方式自定义。

4）生成海德汉系统数控加工程序并保存。

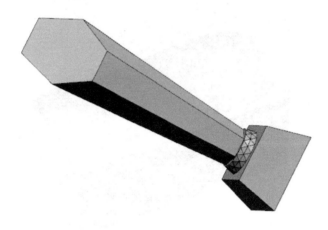

图　5

6. 利用五轴加工技术，完成对如图 6 所示的大力神杯（该零件包含于本书随赠的素材资源包中）的粗、精加工，图形中心为系统坐标系的原点。

要求：1）根据图示模型定义工件大小。

2）粗加工：刀具参数、加工参数、加工方式自定义。

3）精加工：刀具参数、加工参数、加工方式自定义。

4）生成海德汉系统数控加工程序并保存。

图　6

参 考 文 献

［1］高永祥. 数控高速加工与工艺 ［M］. 北京：机械工业出版社，2013.
［2］高永祥. 零件三维建模与制造——UG NX 逆向造型、数控加工 ［M］. 北京：机械工业出版社，2010.
［3］高长银，赵汶. UG NX 8.0 数控多轴加工实例精粹 ［M］. 北京：化学工业出版社，2013.
［4］常赟. 多轴加工编程及仿真应用 ［M］. 北京：机械工业出版社，2011.
［5］高长银，李万全，黎胜容. UG NX 7.5 多轴数控加工典型实例详解 ［M］. 北京：机械工业出版社，2012.
［6］宋放之. 数控机床多轴加工技术实用教程 ［M］. 北京：清华大学出版社，2010.
［7］张磊. UG NX6 后处理技术培训教程 ［M］. 北京：清华大学出版社，2009.
［8］赵国增. 机械 CAD/CAM ［M］. 北京：机械工业出版社，2005.
［9］黄翔，李迎光. 数控编程理论、技术与应用 ［M］. 北京：清华大学出版社，2006.
［10］孙学强. 机械加工技术 ［M］. 2 版. 北京：机械工业出版社，2016.
［11］蔡冬根. Pro/ENGINEER2001 应用培训教程 ［M］. 北京：人民邮电出版社，2004.
［12］徐灏. 机械设计手册 ［M］. 2 版. 北京：机械工业出版社，2003.
［13］胡家秀. 简明机械零件设计实用手册 ［M］. 2 版. 北京：机械工业出版社，2012.
［14］朱耀祥，浦林祥. 现代夹具设计手册 ［M］. 北京：机械工业出版社，2010.
［15］史全富，汪麟. 金属切削手册 ［M］. 上海：上海科学技术出版社，2003.
［16］华茂发. 数控机床加工工艺 ［M］. 2 版. 北京：机械工业出版社，2011.
［17］田伟，王建华. UG NX 5.0 中文版数控加工技术指导 ［M］. 北京：电子工业出版社，2008.
［18］王华侨，等. 实用数控加工技术应用与开发 ［M］. 北京：机械工业出版社，2007.
［19］牟岩君. 柔性夹具设计方法与技术 ［J］. 信息技术，2000，10：15－16.
［20］艾建军，刘建敏，许东太. 五轴数控加工中心 UG NX 后处理研究 ［J］. 煤矿机械，2010，31（2）：198－200.